굿모닝 베트남

굿모닝 베트남

펴 낸 날 2017년 11월 17일

지 은 이 정덕기
펴 낸 이 최지숙
편집주간 이기성
편집팀장 이윤숙
기획편집 윤일란, 이하영
표지디자인 이윤숙
책임마케팅 임용섭, 장일규
펴 낸 곳 도서출판 생각나눔
출판등록 제 2008-000008호
주   소 서울 마포구 동교로 18길 41, 한경빌딩 2층
전   화 02-325-5100
팩   스 02-325-5101
홈페이지 www.생각나눔.kr
이 메 일 bookmain@think-book.com

• ISBN 978-89-6489-786-7 13980
• 이 도서의 국립중앙도서관 출판 시 도서목록(CIP)은 서지정보유통지원시스템 홈페이지(http://seoji.nl.go.kr)와 국가자료공동목록시스템(http://www.nl.go.kr/kolisnet)에서 이용하실 수 있습니다(CIP제어번호: CIP2017029093).

속속들이 들춰보는 베트남의 일상다반사

굿모닝 베트남

정덕기 지음

생각나눔

하롱베이

호치민 묘

VIETNAM

▍ 베트남은 이미 우리나라의 3번째 교역대상 국이며, 최근 우리와 중국과의 관계 악화로 인하여 더욱 중요한 시장으로 부상하고 있습니다. 지금 한국에는 20만 명의 베트남 사람들이 살고 있고, 베트남에도 20만 명 정도의 한국 사람이 살고 있다고 하며, 이는 앞으로도 증가할 것으로 전망되고 있습니다.

처음 베트남에 갔을 때 베트남 사람들이 생각보다 하얗고 우리와 너무 비슷해서 깜짝 놀랐습니다. 나중에 들은 얘기지만 제 사무실의 직원은 저를 보고 베트남 사람인 줄 알았다고 한 적이 있습니다. 우리랑 똑같이 제사도 지내고, 고춧가루만 빼면 음식도 거의 같고 버스에서 나이 든 사람에게 자리 양보하는 모습들이 우리와 다를 게 없습니다.

우리나라가 일제 강점기와 동족 간 전쟁을 겪는 사이, 베트남은 프랑스의 지배하에서 벗어나 프랑스와 미국이라는 강대국을 물리치고 통일을 이룬 세계 유일의 나라가 되었습니다. 우리가 일본으로부터 나쁜 풍습을 배우는 사이 베트남은 프랑스의 선진 문화를 배운 점이 우리와 다른 점입니다.

　아직도 베트남은 대학 입학하면 마르크스 철학을 의무적으로 배우는 사회주의 국가입니다. 하지만 프랑스의 영향으로 우리보다 인권을 더 중시하고 있으며 상하관계, 갑을관계, 남녀관계 차이도 우리처럼 심하지는 않습니다. 치안이 우수하며 사회도 우리보다 평화로운, 점심 때 회식하고 저녁에는 일찍 집에 가는 가정적인 나라이기도 합니다.

　베트남은 1억 가까운 인구를 가진 나라로 시장이 개방되어 성장에 탄력이 붙은, 근면하고 손재주가 뛰어난 사람들이 있는 나라로서 잠재적 성장 가능성이 뛰어납니다. 긴 해안가를 따라 펼쳐진 수많은 해변들과 손때 묻지 않은 시골, 여기저기 숨어있는 관광지들. 3모작도 가능한 기름진 땅에서 난 풍부한 농산물과 과일, 그리고 넘쳐나는 수산물들. 우리가 갖고 싶은 많은 것을 보유한 부러운 나라이기도 합니다.

　아직은 개발이 덜 되어 공해와 환경 문제로 다소 어려움을 겪고 있고, 인프라 미비로 교통이 불편하지만 지금도 이미 우리보다 행복한 나라이기도 합니다. 미국의 베트남 전쟁에 우리가 참여하였음에도 불구하고 우리나라에 호감을 보이고 있는 나라입니다.

우리나라와는 지리적으로 절대로 적이 될 수 없는 나라, 우리나라의 독도 문제 같은 영토분쟁을 겪고 있어 중국에 공동 대응할 수 있는 나라, 노인이 많은 우리나라와 젊은이가 많은 베트남의 보완적인 협력 관계가 가능한 나라로 우리가 하기에 따라서 양국 관계는 더욱 발전이 가능합니다.

2017년 7월까지 3년간 베트남 정부 Ministry of Planning and Investment에서 중소기업 지원 업무를 3년간 진행하면서 체류한 경험을 바탕으로 베트남의 깊숙한 얘기들을 속속들이 들추어, 점점 많아지고 있는 베트남에 진출하시는 분들에게 조금이나마 참고가 되었으면 하는 바람에서 글을 정리했습니다.

베트남 글자는 우리말과 같이 발음을 표시하고 있습니다. 우리는 우리 나름의 한글이라는 문자를 만들었지만, 베트남은 영어 알파벳을 빌려 쓰고 있습니다. 따라서 모든 베트남 단어는 나름의 뜻을 내포하고 있으며 많은 부분이 한자에서 유래하였다는 것도 우리와 같습니다. 베트남 단어의 뜻을 하나하나 어떻게 한자와 매칭되는지 알아가게 되면 베트남 말을 이해하기 쉬워지며 베트남 속으로 한 걸음 한 걸음 들어가게 됩니다. 자주 사용하는 한자 단어를 그중 실생활에서 많이 쓰는 단어들을 찾아 부록으로 정리하였습니다.

2017년 여름
하노이에서
정덕기

Good
Morning

베트남

Viet Nam

contents

01
길거리 정경

02
젊고 행복한 사람들

03
나름의 풍습과 언어

* 부록: 주요 한자 단어 한베 발음 비교표

제1장

길거리 정경

하노이는 보라색 물결

■ 하노이의 5월은 꽃들이 만발하는 계절입니다. 이거 정말 감탄하지 않을 수가 없네요. 우리 벚꽃놀이 구경하듯이 한다면 여기도 인산인해로 여기저기 미어터져야 할 텐데요.

정말 태어나서 처음 보는 아름다운 꽃들이 만발합니다. 보라색 꽃- '박랑'이라는 나무인데 우리 벚꽃하고 똑같아요. 색깔만 다르지요. 가로수마다 보라색이 만발하니까 온통 박랑놀이라고 해야 합니다. 게다가 주홍색 꽃나무- '프엉'인데 이건 설명하기 어렵네요. 하얀색 꽃나무- '다이'라고 하는데 멀리서 보면 우리 목련하고 비슷합니다.

하얀색 꽃에 밑에만 붉은색으로 물들인 꽃- '찐느'라는 꽃은 오렌지 여인이란 뜻이래요. 그것 말고도 노란색 꽃나무, 분홍색 꽃, 빨간 무궁화 같은 꽃, 형형색색 너무 다양하고 많아서 지금까지 누군가 하노이의 꽃을 소개하지 않았다는 게 이상할 지경입니다.

앞으로 다가올 무덥고 긴 여름을 걱정하고 있었는데 완전히 반전이네요. 하노이의 진풍경 중 하나가 목욕탕 의자를 놓고 둘러앉아 차를 마시는 광경인데, 아름다운 꽃들을 바라보면서 나무 밑에 앉아 있는 사람들은 풍류를 즐기는 한량들이라고 봐야죠.

게다가 지금 들판에 나가면 나무마다 뭔가 주렁주렁 달려있습니다. 우리가 아는 바나나, 파인애플 나무는 시시한 축에 들고요, 바로 망고. 여긴 망고를 노랗게 익은 걸 먹지 않고 익기 전에 파란 걸 많이 먹습니다.

그리고 미트(잭푸르트). 한 15kg 이상 나가는 열매인데, 너무 달지 않고 하나씩 뜯어 먹는 게 마치 두리안을 말린 것 같은 맛입니다. 그리고 브어이. 야구공보다 좀 더 큰 동그랗고 딱딱한 열매인데 깎으면 맛이 정말 무랑 비슷하지요. 그리고 또 즈얼레. 우리나라 참외랑 비슷한 맛. 이런 열매들이 주렁주렁 달려있습니다

하노이의 5월. 알고 보니 꽃과 열매가 만발하는 계절이네요.

오바마가 몰고 온 폭우

■ 우리나라처럼 여기도 5월이 계절의 여왕인지, 요즘 눈을 뜨면 창밖에 펼쳐지는 꽃나무들의 향연이 즐거운 하루를 시작하게 합니다. 주홍색의 프엉과 보라색의 박랑, 둘 다 10m가 넘는 나무에 피는 꽃들이죠. 특히 길가에 늘어선 가로수들은 우리 벚꽃 축제 같은 느낌이에요.

아마 오바마도 지난주에 이걸 구경하러 왔는지 모르지요. 꽃이 가장 활짝 핀 시기의 정경을 보며 감탄하고 있노라면 그 밑에 있는 시커먼 도랑과 쓰레기 냄새는 다음 다음 문제죠.

오바마는 시내 허름한 식당에 가서 '분짜'라는 음식을 즐겼답니다. '분짜'의 '분'은 쌀국수 중에서 얇게 뽑은 국수로 겉보기엔 우리나라 재래시장에서 보는 국수와 모양이 같습니다. '짜'는 돼지고기를 뜻하는데 주로 삼겹살과 동그랑땡으로 만들어 국수에 넣고 적셔서 먹습니다. 결국, '분

짜'는 돼지고기를 넣은 쌀국수를 여러 채소들과 함께 차갑게 해서 먹는 음식입니다.

무엇보다 인상적인 것은, 오바마가 베트남 특유의 목욕탕 의자 같은 앉은뱅이 의자에 앉아서 지나가는 서민들과 함께 어울려 먹었다는 거죠. 한 그릇에 2,000원 정도 하는 서민 요리를…. 젊은 애들 나이 많으신 분들 모두 박수에 환호에 거의 열광하더라고요.

또 오바마는 여기 공산국가에서 진보적인 성향의 사람들과 만나 의견을 나누었습니다. 최근 언론의 자유는 어떻고 집회의 자유는 어떻고 그런 얘기들이 많이 나옵니다. 마르크스 철학을 의무적으로 배워도 자유에 대한 갈망은 어쩌지 못하나 봐요. 유독 많은 젊은이들이 환호를 하는데, 다음엔 베트남에서 출마해도 될 것 같네요.

신문을 보면 베트남이 미국과의 무역에서 커다란 성장이 있을 것으로 기대하는 것 같고, 무엇보다 안보와 투자 면에서의 괄목할 만한 변화를 전망하고 있습니다. 그런데 일본도 덩달아 베트남과의 관계가 가장 확고하고 중요하다고 연일 떠들고 있습니다.

"오바마~ 떠나는~ 날엔~ 비가 내렸지~."

그날 저녁 엄청난 폭우가 쏟아졌습니다. 밤새도록. 다음날 여기서 가장 높은 경남빌딩 앞은 무릎까지 차는 물로 완전 교통 마비. 대부분 제 시간에 출근을 못 했지요. 몇 년 만에 처음 있는 일이랍니다. 저한테도 첫 경험이었고요.

이 폭우가 미국이 베트남에 주는 무슨 선물을 의미하는 것 같네요.

▲ 물난리 중 초록택시

휘황찬란한 야경

▌ 하노이 시내 중심가에 있는 호안끼엠 호수 주변. 밤이 되도 항상 대낮같이 밝고 사람들도 많이 다닙니다. 특히, 주말엔 차 없는 거리가 되어 시골에서도 많이 찾아오는 모양입니다.

호숫가를 한 바퀴 돌면 1.5km 정도 되는데 수많은 사람들이 계속 돌고 있는 것 같아요. 마치 하지 순례처럼. 그 주변도 여러 색깔 장식으로 휘황찬란한데, 이걸 보면서 전기를 아껴야 하는데 안타깝다고 쯧쯧대는 한국사람들이 가끔 있습니다.

▲▶ 하노이 시내 야경

북한의 카드섹션처럼 공산주의 국가에서는 사회 홍보에 신경을 많이 쓰는 모양입니다. 생각해 보니까, 피크타임만 아니라면 어차피 사라지는 전기니까 써도 상관없지 않나요? 개인적으로 쓰는 건 몰라도 공공용으로 쓴다면 괜찮다는 생각이 드네요. 홍콩에서 밤마다 자랑하는 레이저 쇼, 이로 인해 관광객들이 늘었다고 봐야죠?

호안끼엠 주변은 구시가지, 여기서는 '올드씨티'라고 불리는데 주말마다 야시장이 열립니다. 길거리는 사람들 틈에 꼭 끼어서 함께 움직일 수밖에 없을 정도로 인산인해를 이룹니다. 주변에는 목욕탕 의자를 놓고 여러 사람들이 맥주와 야식을 즐기면서 길이 꽉 찹니다. 그러다가 가끔 공안이 오면 모든 걸 멈추고 목욕탕 의자를 들고 서 있다가, 지나가면 다시….

그러던 중 갑자기 걱정되던데요, '삐끼(호객꾼)와 건달, 소매치기, 그리고 바가지를 씌우는 사람들과 취객들의 행패가 있으면 어떻게 하지?' 그런 거 한마디로 없습니다. 바로 이게 베트남을 행복한 국가로 만드는 이유가 아닌가 싶네요. 주변에 생음악도 흐르고 밤거리를 마음대로 활보할 수 있는 평화로운 나라인 거죠.

그러고 보니까 베트남도 우리나라와 같이 2차 세계대전 이후 전쟁을 치른 나라인데, 우리처럼 교회에 가서 악쓰고 울부짖으며 통곡하는 모습은 전혀 없었어요. '파고다'라고 불리는 절을 가더라도 백배 천배 절하는 모습은 없습니다. 오히려 '템플'이라고 불리는 토속 신앙, 베트남 사람 스스로는 종교가 아니라고 하는, 조상과 선조를 기리는 사당을 찾는 문화가 있습니다.

▲ 길거리 음악

▲ 야간 장식

가끔 직원들 오토바이 뒤에 타고 시내를 다니는데, 전 솔직히 아찔아찔합니다. 특히, 옆이나 앞뒤에서 무릎을 칠까 봐. 그러면서 드는 생각이 '한국 같으면, 아니 한국 사람들이 타고 있다면 훨씬 사고가 많겠구나.' 서로 편하게 비켜주고 양보하고 어릴 때부터 익혀온 나름의 교통문화가 있는 겁니다. 그러니까 오토바이가 아무리 많이 와도, 아무리 큰 길도 눈을 감고 길을 건너가도 괜찮을 정도입니다.

많은 사람들이 베트남을 한국의 30년 전이나 40년 전으로 비교합니다. 하지만 제가 보기에는 절대 그렇지 않습니다. 우린 도로가 좋고, 지하철과 철도도 잘 돼 있고 빌딩이 많지만, 그만큼 빚이 많은 거죠. 개인도 국가도 말이죠.

남녀평등이니 자살률 문제, 평화로운 밤거리 문화며 서로 배려하는 교통질서들, 풍부한 음식과 비싸지 않은 주거, 저렴한 교육비용, 특히 빈부 격차 등을 생각해보면 우리가 수십 년 앞서있다고 보기는 어려울 겁니다.

후드득 떨어지는 망고

■ 6월에 들어서자 기온이 장난이 아닙니다. 한 낮에 37~38도. 그런데 체감온도는 45~46도. 날씨는 연일 폭염으로 표시됩니다. 휴일엔 그냥 집안에만 있어야 합니다. 밖에 나가면 지글지글 끓는 바닥 열기 때문에 나무 그늘에 숨어도 덥긴 마찬가지입니다.

만약 사우나 한증탕을 좋아하시면 지금 여기 오시면 돼요. 그냥 밖에 나가면 천연 한증탕입니다. 돈 안 내도 되지요. 여긴 살찐 사람도 많이 보이지 않습니다. 하도 땀을 빼서인지. 남녀노소 할 것 없이 많이들 우산을 쓰고 다니지만 바람도 열풍이라서 햇빛만 가려서 될 일은 아니지요.

마트 가는 길에 2차선 길을 건너자면 잠시라도 나무그늘에 서 있어야 하는데, 갑자기 바람이 불더니 수십 개 가량의 무언가가 후드득 머리 위에서 떨어져 내립니다. 거의 맞을 뻔했지요. 자세히 보니까 망고. 전 그 나무가 망고나무라는 걸 2년 만에 처음 알았습니다. 이 망고들이 보니까 까치발을 디뎌도 손에 닿지 않는 높이에 걸려있었네요.

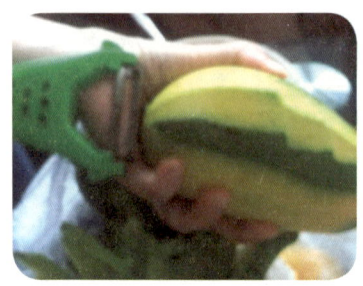

하여튼 싹 다 주워서 순식간에 쓸어 담고 싶은데, 가만히 보니 아무도 주우려고 하지 않아서 멋쩍게 속으로만 쓴웃음 지었죠. 그래도 하나를 주워봤죠. 칼만 있으면 바로 깎아서 맛을 보고 싶은데. 마침 길 건너의 과일 파는 아줌마가 맛있는 망고 있다고 사라고 부르네요.

집에서 창밖을 내다보면 풀밭이 있는데 도로 건너에 넓은 푸른색이 펼쳐집니다. 그 도로의 중앙 분리대에는 주홍색 꽃나무들이, 양옆으로는 보라색 꽃나무들이 줄지어 있고요. 대략 가로 100m, 세로 50m 가량의 삼각형 공터도 보이죠. 푸른 풀밭에서는 가끔 소들이 한가로이 풀을 뜯고, 개들도 뛰놀고. 풀밭보다는 초원이란 말이 더 어울리는 것 같아요. 초록색이라서 그럴지 모른다는 생각이 드네요.

여기까지 들으면 멋진 풍경이 상상되시죠? 그런데 초원 가장자리에는 허연 물건들이 쭉 펼쳐져 있는데 자세히 보면 쓰레기들입니다. 아침마다 누군가가 쓰레기를 태워서는 매운 연기에 아침잠을 깨곤 했지요. 『겨울 연가』를 감명 깊게 봐서 영향을 받은 한류 팬일지도 모르니까 그냥 넘어 갑니다.

지난 폭우에는 초원의 반 이상이 물에 잠겨 며칠이나 물이 고여 있더라고요. 하노이는 지대가 거의 평지라서 언덕이란 게 없습니다. 그래서인지 도시 전체가 서서히 같이 물이 빠져야만 우리 집 앞 초원도 물이 빠지는 겁니다.

　어젯밤. 새벽하늘이 아주 검은색에서 검푸른 색깔로 변할 즈음, 아주 이른 새벽이었겠죠. 개구리가 한두 마리 우는가 싶더니 정말 수천 마리가 따라서 한꺼번에 우는 겁니다. 시계를 보니까 다섯 시 십 분 전. 그러곤 십오분 후 합창을 딱 그치네요. 처음 들어본 개구리의 합창. 드넓은 초원이 푸른 이유는 개구리들 때문이었나 봐요.

▲ 바람에 쓰러진 망고 나무

개구리 소리에 잠을 깨고

　　■ 아침마다 개구리 우는 소리에 눈을 떴었는데 오늘은 유난히 개구리가 오래 우는 겁니다. 이상하다 싶어 창밖을 내다보니 웬걸, 이건 비가 오는 소리였습니다. 비 오는 소리와 개구리 소리가 비슷하게 들리는 걸 보니 자연의 소리는 하나인가 봐요. 그러고 보니 멀리서 들려오는 매미 소리도 비슷했던 것 같네요.

　오늘은 매우 상쾌한 날이 되겠습니다. 아침에도 문밖을 한발만 나가면 땡볕을 피하느라 정신이 없었는데. 오늘은 비가 오니 보이는 주위 모든 자연의 모습이 아름다워 보이네요. 아마도 자연의 아름다움이란 변화의 아름다움. 삼단 논법으로 하면 자연이란 변화가 되는 건가 봐요.

　출근하니 오늘은 사무실 문도 창문도 활짝 열어 놓고 있었습니다. 모두들 인사도 밝게 하고 어떤 직원은 콧노래도 하고 있고…, 이런 저런 얘기로 떠들면서 좀 시끄러운데 평소와는 다른 느낌이 드네요. 개구리

합창 같은 느낌이….

사실 요즘은 아침에 집 밖에 나서면 바로 엄습하는 열풍이 하루를 질리게 했었습니다. 종일 멍하기도 하고, 시도 때도 없이 졸리기도 하고, 가끔은 앉아 있다가 일어나면 핑 돌기도 하고. 더위에 에어컨을 켰다 껐다 하면서 밤잠을 설치니까 아침에도 늦잠을 자기 일쑤고요. 게다가 아침 5시만 되면 부지런히 해가 뜨니까 좀 자려고 하면 금방 날이 훤해지기도 했지요.

또, 점심시간도 걱정이었어요. 11시 반에 시작해서 1시 반까지인데 이 두 시간이 너무 길어요. 뜨거운 여름이 아니라면 나가서 공원을 돌아다니기도 하고 커피숍에서 시간을 보내기도 하지만, 지금 밖은 10m도 걷기가 어려우니 꼼짝없이 갇혀 있어야 합니다.

더운 나라는 항상 점심시간이 깁니다. 점심시간을 이용해서 언어를 배우든 뭔가 활용하면 좋을 것 같은데 여기 사람들에게 이 시간은 절대로 침범해서는 안 되는 중요한 시간입니다. 더운 낮에 일한다는 건 사실 거의 불가능하니까 이해는 갑니다. 그래서 점심시간에는 대부분 오수(午睡, 낮잠)를 즐깁니다. 책상에 엎드리는 정도가 아니고 바닥에 요를 깔고 누워서 잠을 자는 게 보통이죠. 남자 직원 여자 직원 할 것 없이 모두 오수를 즐기는데 우리 사무실엔 여직원들이 많아서 처음엔 어찌할 바를 모를 정도로 어색했었지요.

지금은 저도 점심 먹고 나면 졸립니다. 현지화가 되고 있나 봐요. 수면시간에도 질량불변의 법칙이 있다면 이 경우 당연히 밤잠이 줄어들겠죠? 대부분 아침에 일찍들 일어나니 저에겐 여기 사람들 무척 부지런하다고 느낄 수밖에 없었던 거지요.

변화가 아름답다는 걸 오늘 처음 느껴봅니다. 그래서 사람들이 여기저기 여행을 다니는 건가 봐요. 자연이 안 변한다면 내가 변화를 추구해야죠. 자연의 아름다움은 변화의 아름다움인가 봅니다.

하노이 사람들 거리 풍경

사람들이 모이는 이곳이 바로 명당!

■ 우리 집 앞은 요즘 저녁만 되면 시끌벅적합니다. 해가 떨어지고 저녁 식사 후인 8시부터 10시까지는 동네 사람들로 꽉 찹니다. 우리 아파트 단지만이 아니라 주위 동네에서 다 오는 것 같아요.

아장아장 걷는 아기들부터 장난감 자동차나 유모차 타는 애들. 좀 큰 애들은 롤러스케이트에, 시클로에, 자전거에, 요즘 나오는 2륜 전동휠도 많이 보이고, 축구 경기를 하는 애들, 그리고 연 날리는 애들까지. 그리곤 연인들은 오토바이 세워두고 함께 앉아 있는데 어느 쪽이 앞이고 뒤인지 잘 모르겠네요.

아줌마들은 왔다 갔다 걷는 사람들에, 허리 돌리기나 발차기 등 스트레칭을 하고 있습니다. 일련의 그룹은 에어로빅한다고 음악에 맞추어 몸을 흔들며 멋진 실루엣을 연출하기도 하고요. 덕분에 집 앞에 있는

▲ 운동하는 아줌마들과 집 앞 꼬마들

KFC는 항상 사람들이 꽉 차 있습니다. 3,000동(150원)짜리 아이스크림이 대단한 인기상품입니다.

원래 여기는 우리 아파트 야외 주차장인데 건물 내에만 차가 있고 아직 차가 없는 공간입니다. 비어 있는 주차장이라서 널찍하고 평평한 포장 공간이 되어 놀기에 좋은 모양이에요. 그보다 여긴 이상하게 항상 바람이 불어서 사람들이 밤에 바람 쐬기엔 적당한 장소인 것 같아요.

낮엔 40도를 넘보는 기온이라서 밖에 나가는 건 불가능하니까, 밤만 되면 밖으로 나오는 게 당연할 겁니다. 그런데 밤에도 30도 이상이고 부는 바람도 열풍이라서 딱 사우나 들어가는 기분이에요. 하여튼 사람들이 줄잡아 500명쯤? 애들도 200명쯤? 이 부러운 장면은 서울에선 보기 힘든 장면입니다. 한마디로 여기가 바로 사람들이 많이 모이는 명당입니다.

서울에서도 사람 많이 모이는 명당은 아예 이름부터 명동이잖아요.

지난달 오바마가 여기 다녀간 뒤로 여러 나라의 정상들도 많이 왔다 갔습니다. 그전에는 시진핑도 다녀갔었고, 러시아나 프랑스와는 전부터 오랫동안 가까운 편이었고. 얼마 전엔 북한의 노동당 간부가 와서 베트남 공산당 서기장과도 우애를 다지기도 했더군요.

명당이 시간에 따라 바뀌는 건지는 모르겠지만 지금 여기 하노이는 전 세계 사람들이 많이 찾으니까 명당입니다. 미국의 지원도 얼마나 클지 기대가 되는 시기이고 일본의 구애도 옆에 가만있어도 간지럽다고 느낄 정도고, 다만 중국과의 관계에서는 아직도 긴장이 약간 흐르고 있습니다.

얼마 전 (대만 기업인) 포모사의 철강공장 때문에 바다 고기들이 떼죽음을 당한 적이 있었고, 중국은 황사, 쫑사라고도 부르는 베트남 앞바다의 군도를 점령하여 중국 군사용 비행장을 만들기도 했다고 합니다. 하여튼 우리나라만큼 베트남도 중국이라는 거대한 세력에 대해 긴장을 늦출 수는 없을 겁니다. 아마 한국과 베트남 모두 최소한 중국에 대해서는 입장이 같을 거로 생각합니다.

지금도 중국은 외교부장이 와서 열심히 관계개선을 노력하고는 있습니다. 당연히 우리 정부에서도 누군가 매우 열심히 노력하고 있는 거라고 믿고 싶군요.

길가에 늘어선 개고깃집

■ 여기 하노이도 10월이 되면서부터 선선한 바람이 아침저녁으로 붑니다.

아침저녁으로 집 밖에 나가서 아파트 단지를 한 바퀴 돌자면 운동하는 사람들이 많지요. 한쪽에서는 음악을 틀고 에어로빅하는 사람들도 매일 저녁 모여 있고요. 더구나 가족들과 같이 나와서인지 아이들이 무척 많습니다. 1살부터 6~7살 정도 되는 애들, 그리고 임산부들. 이런 모습을 보면 베트남이 후진국이라고는 전혀 느껴지지 않습니다. 교육열도 심하다고 하니 아이들 용품 사업하시는 분들은 노려볼 만합니다.

겨울엔 해를 보기 어려울 정도로 하늘이 뿌옇고 빨래도 안 마릅니다. 근데 지금도 벌써 하늘이 뿌예요. 물론 북경의 황사와 비교될 정도는 아니지요. 그래서 이유를 물어보면 오토바이가 많아서 그렇다고들 합니다.

◀ 쓰레기 태우는 모습

▲ 고기 파는 집   ▲ 시장 풍경

   지난주 하노이 북서쪽 60킬로 떨어진 지역을 다녀와 보니까, 요즘이 수확 철이라서 그런지 논밭에서 볏단을 태우는 모습을 여기저기서 볼 수 있었습니다. 그다음에 퇴비로 만드는 모양이에요. 그러니까 하늘을 뿌옇게 하는 주범은 오토바이만이 아니고 수확 철 볏짚 태우는 연기도 한몫하는 겁니다.

   교외에 나가서 보니까 여기저기 'CHO'라고 간판에 많이 쓰여 있더군요. 무슨 뜻인지 물어보니까 전부 개고깃집이랍니다. 'CHO'가 개를 의

미합니다. 여기 출장 오실 때 영어 이름에 'CHO'를 쓰시는 분들은 오해 받지 않도록 조심하세요. 시내 큰 건물에 쓰여 있는 'CHO'는 시장을 뜻 하기도 합니다.

우리처럼 여기도 반쯤은 개고기를 즐겨 먹는다고 합니다. 우리처럼 유교식 제사도 지내고, 점도 많이 보고, 미신도 믿고 젓가락을 잘 쓰는 네 나라 중 하나입니다.

분주한 아침

■ 오늘은 12월 첫날.

여기 하노이, 요즘은 아침 기온이 20도 이하로 내려가서 걷기에 좋습니다. 이런 날씨는 연중 2~3달밖에 되지 않으니 아주 귀한 기회이기도 합니다.

집에서 사무실까지 출근하는 데에 걸어서 약 30분 걸리는데, 가다 보면 여러 가지 한국에서는 보기 어려운 색다른 모습들이 나타납니다.

식당 앞을 지나치다 보면 그 앞길에 야외용 탁자와 목욕탕 의자들을 펴 놓고 아침 식사들을 많이 하는 편입니다. 주메뉴는 '퍼'. 그 사이에는 구두 닦아주는 청년들이 구두통에 슬리퍼를 여러 짝 들고 다니는 모습들.

주변에는 아줌마들이 뭔가 주렁주렁 들고 다니는 모습들이 있는데 거기엔 손톱깎이, 열쇠고리, 가죽 지갑, DVD 테이프, 마스크, 양말, 껌 등. 완전 만물상이죠.

곳곳에 그늘이 드리우는 장소마다 길싸롱이 펼쳐집니다. 사람들이 부지런해서 인지 아침부터 다들 나와 있네요. 목욕탕 의자와 조그만 탁자에 여러 가지 음료수, 물, 과자, 담배 등을 놓고….

여기엔 대나무 담뱃대가 있는데 지름이 3센티쯤, 길이가 60센티쯤. 마우스피스는 따로 없는데 아무나 돌아가면서 쓰나 봐요. 한국 담배 '에쎄'도 많이 피는데 어떻게 된 건지 가격이 우리 공항면세점보다 쌉니다.

▲ 대나무 담뱃대

그 옆에는 아침 식사를 파는 아줌마들이 광주리에 뭔가를 담고 있는데, 덮어 놓은 헝겊을 들치고 속에서 고깃가루, 떡가루 같은 걸 한 주먹씩 꺼내서는 먼저 바나나 잎에 싸고, 종이로 싸고, 고무줄로 묶은 다음 비닐에 넣으면 완성. 우리 찹쌀떡 같은 것도 있고 물렁물렁한 떡도 있더라고요.

베트남은 예전에 프랑스 지배하에 있었던 탓인지 빵은 잘 만듭니다. 바게트. 그걸로 만든 샌드위치, 여기 말로 뱅미라고 하는 거 맛있고요. 슈퍼에 가서 사면 아주 긴 약 80센티쯤 되는 바게트가 400원 정도밖에 안 합니다. 하여튼 이런 빵을 구워서 샌드위치 만드는 아줌마들도 곳곳에 포진하고 있습니다.

▲ 헬멧과 안경 파는 가게

좀 더 지나오면 길거리에는 오토
바이 헬멧을 15개쯤 주렁주렁 달아
놓고 팔거나 선글라스를 나무판에
수십 개 걸어놓고 파는 모습들이
항상 보입니다. 여기저기 오토바이
에 앉아서 타라고 호객하는 사람,
쎄옴이라고 하죠 오토바이 영업.

▲ 아침 식사 팔아요.

그뿐만이 아니라 어떤 곳은 보도
전체를 줄로 막고 오토바이 주차장
으로 만들어 놓습니다. 그럼 사람은? 차도로 비켜가거나 오토바이 사
이로 가다가 줄을 넘거나 해야죠. 여긴 걷는 사람이 없고 모두가 오토
바이를 타니 그런 거 불평할 사람이 저뿐이네요.

차도에는 항상 1차선과 2차선을 걸쳐서 천천히, 사람 걷는 속도로 가는 버스가 있습니다. 이건 시외버스인데 문을 열어놓고 누구든지 뛰어 올라타도록 하는 방법이죠. 주차도 안 되고 정차도 안 되니 가긴 가는데 천천히… 문은 열어 놓은 채. 속도가 느리니 뒤에 있는 차들은 결국 3차선으로 추월해야 하니까 차선이 엉망이 되죠.

그런 버스들엔 아직도 한국말로 무슨 고속, 무슨 교회라고 쓰여 있고 일부러 안 지운다고 합니다. 한국에서 온 거라고 자랑하려고…. 대부분 매연을 한 무더기씩 뿜어서 빨리 지나갔으면 좋겠는데….

매캐한 공기는 마스크로 대비한다지만 바닥도 좀 신경 쓰입니다. 하수구의 삐딱한 뚜껑 무너질까 봐 돌아가야 하고, 오토바이에 치여 죽어 있는 것들 피해야 하고. 밑만 보고 걷다가 낮은 나뭇가지에 머리가 스치면 흩날리는 먼지들도 피해야 하고 보도에는 사람만이 아니고 오토바이들이 앞뒤로 획획 지나다니니… 지나오고 나면 "오늘도 무사히"라는 푯말이 생각나네요.

뿌연 하늘과 촉촉한 겨울

■ 겨울이 다가오면서 일단 확연히 다른 모습은 뿌연 하늘입니다. 하루종일 그러기도 하고, 며칠을 그러기도 하고 심지어는 몇 주간 계속되기도 하고. 정말 심할 때는 몇 달 내내, 아니 겨우내 그러기도 한답니다.

왜 그런가 생각해봐도 정확히는 모르겠는데, 먼저 집주변에서 쓰레기를 태우는 겁니다. 아침마다 매캐한 냄새에 잠을 깨니까요. 거기다 구정, 그리고 매월 초하루 보름에는 귀신 쫓는다고 곳곳에서 종이 태우는 관습이

▲ 귀신 쫓는 종이 태우기

▲ 쓰레기 태우는 풍경
◀ 아파트의 매연
▼ 마스크 쓴 운전자

아직도 있고, 동네 논밭에서는 추수 후 남은 짚들을 태우는 게 관행입니다.

이건 거의 겨울 초반에 이루어지는 거죠. 그럼 진짜 겨울에는 어떨까요? 이건 또 한국에서는 상상하기 어려운 일들이 벌어집니다. 하늘이 뿌연데 이게 다 습기예요. 비는 안 오는데 온통 젖어버려요. 겨우내 빨래가 안 마르고, 특히 모로 된 옷에는 곰팡이가 판을 치게 되겠죠. 사람들이 옷을 말리느라고 온풍기를 많이 쓰는데 제습기가 있어도 감당이 안 되겠지요? 저도 겨울마다 여름옷을 서울로 가지고 가고, 구정 때는 다시 겨울옷을 가지고 갈 정도입니다. 습기가 안 차는 진공 옷장이 필요합니다.

게다가 잘 아시다시피 베트남은 오토바이 천국. 그 매연들이 회색빛 하늘의 주범이기도 하지요. 길거리에서 굽는 고기 냄새, 아무 데서나 함부로 피는 담배들로 주변 환경이 말이 아니죠. 그러고 보니까 여기 새들이 잘 안 보이네요. 다들 도망간 모양이에요.

촉촉한 겨울 날씨가 더 추운 거 아시나요? 여기 겨울 기온은 영상 10도 이하로는 잘 안 내려갑니다. 그런데 습기가 많은 겨울이 우리와 많이 다르지요. 한국은 여름에 습기가 많으면 칙칙하고 끈적끈적해서 더 더워지는데, 겨울에도 이 습기란 놈이 추위를 더 춥게 만드는 소금 같은 역할을 하는 모양입니다. 우린 영하가 되어야 입는 옷들을 여기서는 영상인데도 입어야 하고, 전기장판 켜놓고 사는 사람들도 많습니다.

영상 10도 이하로 내려가면 학교가 자동 휴교라고 하니까 웬만하면 발표는 항상 10도라고 한다고도 합니다. 그렇지만 여긴 매서운 추위는 없고, 눈이 안 오니까 오토바이는 항상 탈 수 있는 겨울이지요. 여기 하노이 사람들은 호찌민과 달리 얼굴색이 하얀 편이에요. 한국 사람들과 정말 별다름이 없을 정도니까요. 아마도 겨우내 햇빛을 못 보니까 그런 것 같기도 합니다. 어떤 한국 분들은 겨울이면 우울해진다고도 합니다. 날씨 때문이겠죠?

올겨울에는 일주일에 한 번씩이라도 햇볕이 나면 좋겠네요. 빨래라도 잘 마르게.

길 걷기는 장애물 경기

■ 연말이면 세모(歲暮)니, 송년회니 한국에선 분주하겠지만 여긴 크리스마스도 휴일이 아니니까 전혀 연말 기분이 안 납니다. 이상하게 크리스마스날 회의를 많이 하네요. 그래도 백화점이나 상점들은 크리스마스 장식을 많이 하긴 합니다.

여긴 점심시간이 널널합니다. 공식적으로는 11:30에서 1:30분으로 되어 있지요. 일반 회사들은 1시까지라고 하고요. 그런데 우리나라도 그렇듯이 11:30에 식당에 가면 줄을 서야 하니까 조금 빨리 가겠죠? 점점 그러다 보니 11:10분이 자동으로 점심시간이 되었다고 할까요?

식사를 마치면 11:30. 그때부터 2시간의 시간이 남지요. 그러면 여기 직원들은 대부분 누워서 잠을 자지만 저는 밖에 나가서 이리저리 배회하곤 하는데, 요즘 날씨가 좋은 바람에 길싸롱들이 많이 생겨서 제대로 걸어 다닐 수가 없을 지경입니다. 의자들도 피하고, 낮게 친 천막도 피하고, 오토바이 주차장도 피하고. 거기다가 진동하는 찌릉내도 피하는 완전 종합 장애물 경기가 되겠습니다.

디저트로는 망고, 패션푸르트, 수박, 파인애플, 오렌지 등 수많은 과일주스가 기다리고 있습니다. 특히, '째'라고 하는 찐득하고 달콤하면서 과일과 코코넛을 섞은 것 같은 몸에 좋다는 후식. 우리말의 화채에서 쓰는 '채'라는 말이 여기선 '째'로 쓰이나 본데, 점심값은 1,500원에서 2,000원 미만인데 디저트들은 대부분 2,000원 부터 시작하니까 자동으로 된장남 되겠습니다.

야외 의자에 앉아 디저트를 즐기노라면 주변에서는 구두닦이들이 한 번씩 물어보고 가고, 껌파는 아줌마나 아이들이 입장 곤란하게 만들기도 해요. 자전거에 주렁주렁 한가득 과일들을 싣고 파는 아줌마들도 보이네요.

요즘 특히 느끼는 것은 부쩍 늘어난 차량입니다. 공간이 없을 정도로 빼곡하게 주차해 있는 모습들. 아마 여기도 곧 주차난 때문에 여기저기 싸움이 일어날 것 같아요. 그래서인지 이젠 건널목에서도 길을 쉽게 건너기가 힘들어요. 오토바이들만 있으면 그냥 건너도 알아서들 피해 가는데, 차량은 빠르고 피하기엔 유연하지 못하니까 차가 지나가길 사람들이 기다려야죠.

올해 베트남에 차량이 30만대 팔린다고 하고, 매년 30%씩 증가하고 있으니 5년 후면 연간 100만대 씩 팔릴 수도 있을 겁니다. 급성장하는 시장이에요. 그래서인지 요즘은 거의 매일 회색 빌딩과 뿌연 하늘을 구별하기 어려울 정도입니다. 여기서 맞는 크리스마스는 화이트도 아니고 브라운도 아닌 그레이 크리스마스. 촛불이 아니라 마스크를 쓰고 즐겨야 할 듯하네요.

아침 출근길 돼지 소동

■ 아직 구정 연휴 분위기가 가시지 않은 오늘. 아침 기온은 영상 15도. 올겨울 들어 가장 추운 날씨랍니다. 예전에는 10도 이하로도 내려갔었는데 올해는 이상 난동인 모양이네요. 아무튼, 아주 쾌적하고 적절한 기온에 출근길 아침마다 즐겁게 걷고 있습니다.

작년만 해도 이때쯤엔 추적추적 비가 내리거나 눈에 보이지 않는 부슬비가 공해와 섞여서 온통 뿌연 하늘만 몇 달 내내 쳐다보고 있었는데. 빨래도 안 말라서 언젠가 해가 뜨기만 기다리곤 했었는데. 집안에 있는 옷들까지 곰팡이 슬까 봐 환기하느라 이리저리 분주했었는데….

어쩐 일인지 올해는 공해도 사라지고 기온도 최적이라 기분이 날아갈 듯한 날씨입니다. 서울에 영하 9도, 10도 그런 얘길 들으면 어떤 느낌일까 실감이 안 나네요. 하기야 여름에 여기가 40도를 넘나드는 기온이라면 서울에선 실감하지 못할 테니까요.

최근에 느끼는 건 하노이 사람들은 다들 오토바이를 아주 잘 탄다는 생각입니다. 길을 건널 때마다 보면 멀리서 달려오는 오토바이들이 내 앞으로 갈지, 뒤로 갈지 확실히 정합니다. 차와 뒤섞인 길에서 자전거도 있고 걸어가는 사람들도 있는데 그 틈을 요리조리 피해 가는 게 신기할 따름입니다. 특히 다른 나라보다 여긴 여자들이 더 많이 타는 것 같아요. 더 잘 타기도 하고. 세계적인 국제공항에서 종아리에 덴 자국이 있는 여자를 보면 십중팔구 베트남 여자라고 합니다.

아침에 걸어오다 보면 길거리 식당에서 쌀국수 '퍼'를 먹는 사람들이 많지요. 우리말로 '포'. 보통은 '꽈'라는 꽈배기같이 생긴 과자를 곁들여 먹어요. 길가에 오토바이 세워두고, 미니스커트에 선글라스 낀 채로 쪼그리고 앉아 후루룩 먹는 모습들. 그리곤 다시 오토바이에 올라타 쌩하고 어디론가 사라지는 모습들.

젓가락을 쓰는 나라가 한국, 일본, 중국 그리고 베트남, 이 네 나라뿐이죠? 그래서 손가락 훈련을 많이 하고 손재주가 좋다고들 하잖아요? 여기 사람들은 거기에다가 오토바이 타는 재주를 더해서 또 다른 재주가 있나 봐요. 절대 오토바이를 없애면 안 될 것 같은 생각이 들어요. 재미없어서 못살 것 같은 사람들.

오랜만에 마스크도 안 쓰고 상쾌한 공기를 맞으며 걷노라면 '지금이 하노이 최적의 날씨구나.' 느끼게 되면서 행복에 젖어 들 즈음.

저 앞에서 돼지 한 마리를 싣고 오던 오토바이에서 돼지가 떨어졌네요. 떨어진 마대 속에서 작은 돼지가 기어 나오려고 버둥거리는데, 마대 속에 머리만 남기고 거의 다 나와서 도망가려는 찰나! 옆에 있던 날씬한 선글라스 여자가 달려가서 돼지 꼬리를 낚아채 치켜들어버리네요.

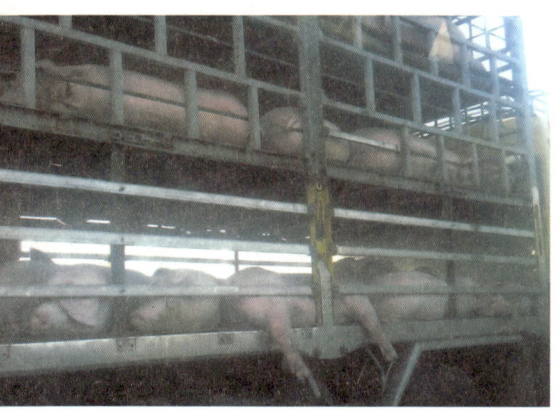

돼지주인은 오토바이를 미처 세우지도 못하고 돼지가 도망갈까 봐 쫓아가는데 오토바이는 넘어져 버리고… 주변에 있던 청년들이 달려가서 오토바이를 세워줍니다. 아줌마 도움으로 마대 속에 다시 돼지를 잡아놓고 끈으로 꽁꽁 묶어 오토바이 뒤에 싣고는 다시 씽 달려갑니다. 아무 일도 없던 것처럼.

이 모든 상황에 걸린 시간이 약 1분? 생판 모르는 사람들이 자기일처럼 도와줍니다. 안 그랬으면 30분 동안 돼지 잡느라 길이 다 막히고 난리 났을 텐데.

갑자기 머릿속에 떠오르는 생각은 '우리는 하나'. 우리나라에서 예전에 유행하던 '우리가 남이가?'라는 구호와 같을 듯 다른 구호네요. 주위를 걷다가 둘러보면 여기저기 빼곡히 건설공사 타워가 눈에 들어옵니다. 이런 사회의 역동, 바로 이런 협동에서 나오는 모양입니다.

입춘이면 모내기 시작

지금 여기 하노이 설 연휴는 15도 전후의 맑은 날씨로 정말 지내기는 그만이네요.

여기도 명절이면 여자들은 요리하고 치우느라 고생해서 두렵긴 마찬가지 것 같습니다. 한 가지 다른 건, 여기도 '뗏머니'라고 설날 용돈을 주는데 절하는 건 없습니다. 우린 애들이 절해야만 용돈을 주는 소위 "대가성"인데 여기선 아무도 절을 안 하고 할머니나 할아버지들한테도 그냥 용돈을 줍니다. 주변에 알고 지내던 경비원이나 청소부 그리고 자주 이용하던 상점 직원이나 택시 운전사에게도 빨간 봉투에 넣어 용돈을 주는 게 보통입니다.

구정이 지나자마자 여기 사람들은 사당(템플)을 찾아갑니다. 어떤 사당은 기도하면 부자가 된다는 징크스가 있다고 하네요. 거기는 사람들이 넘쳐나지요. 또 어느 다른 사당에도 사람이 많았는데 거긴 기도하면 결혼할 수 있다나요.

참고로 여긴 사당(템플)과 절(파고다)이 다릅니다. 사당은 조상신을 모신 전통 신앙이고 절은 불교 사찰로, 사당은 종교가 아닌 것으로 취급합니다. 하여튼 구정 오후부턴 사람들이 집을 나서, 처가를 가거나 친지를 찾은 후 가족 모두 사당을 찾는 풍습이 있는데 이게 일주일 이상 계속됩니다. 온갖 징크스를 다 찾는 모양이에요.

여기 농촌은 지금 모내기가 한창입니다. 농부들에게는 구정이 명절 휴일이 아니고 모내기를 시작하는 날이 됩니다. 논만이 아니라 밭도 갈고 우리랑 똑같이 소에 쟁기를 매답니다. 그런데 누런 소와 검은 소가 반반이네요. 농촌엔 초가집도 있고 허수아비도 있어요. 그런데 모내기할 때 줄잡는 사람들은 안 보이네요.

그리고 보니까 우리가 얘기하는 24절기 중 하나인 입춘은 여기에 딱 맞는 절기로 보입니다. 입춘이면 바로 모내기를 시작하니까요. 여기 베트남 북부가 이모작이 가능하고 남부로 내려가면 삼모작도 가능합니다. 우린 입춘이라도 보통은 추운데, 이거 혹시 베트남 절기를 수입한 거 아닌가요?

외투를 훌훌 벗어버리고

📑 3월 말은 기온이 최저 22도 최고 25도로 쾌적한 기온입니다. 더 이상 외투는 필요 없고 셔츠만 입은 채 다닙니다. 그래도 왠지 걸으면 더워서 어디든 도착하자마자 선풍기를 틀고 부채도 부쳐야 합니다.

여기 하노이가 분지라서 그런지 바람이 통 불지 않습니다. 시내 전체 높낮이가 1~2m 정도니까 언덕이란 게 없어요. 그렇게 평평하니까 바람도 공해도 그냥 머물기만 할 뿐. 갑자기 오토바이 타는 사람들이 이해가 되고 부러워지네요.

▲ 도로 롯데빌딩

바람을 씽씽 가르고 달리니까 마치 지붕 없는 차 같기도 하고, 얼굴
이며 가슴이며 바람을 맞으며 시원하기도 하겠네요. 여자들은 짧은 치
마를 한 손으로 붙잡고 한 손으로만 운전하고 있는데 저러다가 휴대폰
이 울리면 어찌할지 궁금하네요.

"이래서 하노이에 오토바이가 많은 거였구나~."

여긴 전기차가 딱 맞아요. 평평하니까. 공해도 줄고 힘이 그다지 셀
필요가 없으니까. 대신 지붕이나 뚜껑은 없애야 하고 바람 잘 맞도록
고안해야 할 겁니다.

기상정보가 어떤지 자세히 보니까 풍속은 1m/s, 습도는 98%라고 나

옵니다. 즉, 바람은 거의 안 불고 거의 물속에서 살고 있다고 이해하면 되나요? 이 습도 기준을 잘 모르겠어요. 100%라고 하면 물속에서 사는 건가요? 그러면 차라리 시원해야 하는데 이건 올라가면 갈수록 더워요. 하여튼 이번 주 습도가 95%에서 100%를 왔다 갔다 해서인지 무척 덥습니다.

외투는 이미 벗어서 던져 버리고 전 부채를 들고 다닙니다. 햇볕을 쬐면 이게 바로 열로 바뀌고 내 몸이 그대로 가열됩니다. 인터넷에서 '빛과 열'을 찾아봤더니 빛엔 열이 없고 어딘가 부딪혀야 열이 난대요.

그래서 꼭 해를 가려야만 하는데, 우산은 너무 크고 부채는 너무 작고. 누가 우산보다 작고 긴 양산을, 아니면 큼직한 휴대용 부채를 만들면 좋겠어요. 도로마다 건물마다 지붕을 거울로 만들어서 빛을 반사해 버리면 시내 전체 기온이 떨어질 것 같기도 하고…

우리 속담에 '바람 잘 날 없다'는 말 여기선 행복하게 들리네요. 곧 다가오게 될 무서운 여름이 벌써 걱정됩니다.

에어컨 가동 시작

▌기온이 너무 적절하다고 생각하고 있었는데, 언제 그랬냐 싶게 이젠 더위, 아니 폭염과의 싸움입니다. 4월 하순인 지금 기온이 37도까지 올라갔다고 하니까요. 앞으로 다가올 여름이 너무 걱정입니다. 여기에 비하면 우리나라 날씨는 "누구의 주제런가?".

여긴 해만 나면 사정없이 뜨거워집니다. 햇볕이 직각으로 내리쬐니까 열이 한층 더한 모양입니다. 뜨거운 햇살에 꽃들이 못 견뎌서인지, 좋아서인지. 아무튼, 봉우리들을 터뜨리기 시작하지요. 해가 떨어지고 나면 집 앞마당에 그 많은 아이들도 어디서 오는지 나와서 뛰어노는데, 꽃 때문에 아이들이 나오는지 아이들 때문에 꽃이 피는지.

베트남이 우리와 문화, 종교 그리고 음식이 같다지만 하노이에 와서 본 너무 다른 모습들도 많습니다.

먼저 수많은 오토바이들- 여자도 남자도 전 국민의 오토바이 화. 오토바이 올림픽이 있으면 아마도 최상위권일 거예요. 6명이 타는 모습도 보았고, 애들 포함 한 가족이 모두 타기도 하고. 남녀들도 같이 많이 타는데 아마 그래서 애들이 많을지도 모릅니다. 우리나라도 아이 많이 낳기 운동하려면 오토바이 한 대씩 지급하시든지.

그리곤 길가에서 종종 보는 모습이 나무에 거울 걸어놓고 이발하는 모습. 여기 말로 이발을 '깍똣'이라고 하는데 꼭 한번 해보고 싶은 모습이에요. 우리도 머리를 깎는다고 하는데 똑같이 '깍'으로 시작하는 게 어원이 같을지 모르지요. 또, 길가에 목욕탕 의자를 늘어놓고 둘러앉아서 차를 마시는 모습. 아주 전형적인, 어디서나 보는 베트남 다방입니다.

▲ 길거리 이발소

▲ 집들이 장면

여기 사람들도 집들이는 많이 합니다. 주로 점심때. 그런데 절대 상을 안 폅니다. 없는 걸지도 모르지만 꼭 방바닥에 신문지를 펴서 둘러앉습니다. 메뉴는 거의 같은데, 온갖 고기를 넣어서 푹 우려낸 국물을 펄펄 끓여서 고기와 채소를 넣어 건져 먹고 마지막엔 라면을 넣는 우리와 같은 방식이죠.

옹기종기 모여 앉아 살을 부딪치며 살아가는 정다운 모습입니다만 더운 날에는 에어컨이 더욱 필요해지게 되네요.

◀ 집들이 모임

북측 창으로도 해가

■ 여기서 무더위란 30도, 아니면 33도 정도가 아니라 36~39도, 보통 이 정도입니다. 40도도 넘어가는데 이때 초등 학교는 자동 휴교가 되겠습니다. 5월부터 가끔 일어나는데 정부는 가능한 발표를 삼간다네요. 그러니까 39도만 많겠습니다.

열대야라고 따로 얘기할 필요가 없는 거지요. 항상 열대야니까. 해 떨어지면 바깥에는 꼬마들이 설치기 시작합니다. 낮엔 잠만 자다가. 에어컨이 없다거나, 고장 났다거나, 아니면 전기가 나갔다거나 이건 정말… 상상에 맡겨두고요.

어떻게 된 게 북쪽 창문으로도 햇빛이 들어옵니다. 낮에는 창문을 커튼으로 꽁꽁 막아둬야지, 아니면 햇빛이 너무 강렬합니다. 커튼 정도가 아니라 나무로 된 문으로 확실히 막아야만 햇빛이 가려질 정도입니다.

가만 생각해 보니까 여긴 북위 21도, 서울은 북위 37도잖아요? 여름이 빨리 오는 건 당연하고 더위가 길겠다는 것도 당연하지만, 여기는 한여름에 해가 북쪽으로 넘어가서 북쪽 창에서 햇볕이 내리쬔다는 거. 신기하네요.

해가 여름에는 북반구 23.5도까지 올라온다니까 21도에 있는 하노이를 넘어가서 그 위, 북쪽으로 해가 올라가는 거죠. 여기도 하지라는 절기는 있습니다. 6월 20일경.

하지만 여긴 엄밀히 말하면 하지가 오기 전에, 그리고 하지가 지나고 나서 해가 정확히 머리 꼭대기로 지나가는, 말하자면 밤보다 낮이 가장 긴 날이 일 년에 두 번 오는 겁니다. 대략 6월 10일경에 해가 북쪽으로 넘어가고 6월 30일경에 다시 해가 북쪽에서 넘어오게 됩니다. 그리고 그 20일간은 해가 남쪽 창이 아니라 북쪽 창으로 드나드는 거겠지요.

서울에서의 하지는 해가 머리 꼭대기까지는 안 오잖아요? 여긴 두 차례나 꼭대기를 지나가고 오히려 북쪽에서 해가 뜨는 경우가 생기는 거예요. 서울에서 맞는 하지는 대략 해의 각도가 약 77도 정도겠네요. 37도에서 23.5도를 빼면요. 여기 하노이에서 해가 77도 정도가 되는 날은 4월 20일경, 그리고 8월 20일경이 됩니다. 이건 순전히 제 개인적인 계산에 근거한 것임.

그러니까 4월 20일부터 8월 20일까지는 서울의 하지보다 더 바로 위

에서 태양이 내리쬐는 겁니다. 작년 5월에 이미 40도를 돌파한 적이 있었는데 이제야 이해가 가네요. 대략 4월부터 9월 초까지는 여름이 되겠고 심지어 10월에도 에어컨이 없다면 아주 곤란합니다.

남쪽의 호찌민은 일 년 내내 30도를 넘어가는 상하의 기후에 속합니다. 그리고 거긴 일 년 내내 해가 뜨는 시각과 해가 지는 시각이 거의 비슷해서 계절 감각이 없으니 세월을 모를 겁니다. 아마도 상하의 나라에서는 대낮에 한 번씩 스콜을 뿌려주니까 대지를 식혀주는 건가 봐요.

그러니까 여름은 호찌민이 오히려 시원합니다. 만약 가끔 스콜이 까먹고 며칠만 안 오면 대지가 지글지글… 사람들이 까매지죠. 그래도 40도를 넘어가는 경우는 별로 없는 것 같아요.

여기 하노이는 겨울도 있고 사계절이 있어 해가 빨리 뜨기도 하고 늦게 뜨기도 하지요. 작년에는 체감온도 50도를 넘어가기도 했었는데 만약 여기 하노이도 스콜이 있다면 좀 덜 더울 텐데 말이죠.

하지만 여긴 사람들이 까맣진 않아요. 이렇게 뜨거운 데 살면서도. 영상 10도밖에 안 되지만 그래도 겨울이란 계절이 있어서 그런 건지, 아니면 여기 사람들도 몽고반점이 있다던데 그 반점 때문에 그런 건지. 어쩌면 우리랑 먹는 음식이 비슷해서 그런 건지, 제사도 많이 지내고 토속신앙으로 조상을 모시는데 자주 빌어서 그런 건지.

어쨌든 여기 하노이는 대략 지금부터 6개월간 무더위. 바깥은 100m도 걷기 어려우니까 점심 외식도 이 동안에는 어렵다고 봐야 합니다. 하노이나 베트남 북쪽 지방 여행도 이 기간은 피하시는 게 좋을 거 같네요.

주말 내내 4O도 이상

■ 6월에 들어서자마자 지난 금요일 39도를 시작으로 토요일 41도, 일요일 41도, 오늘도 40도. 체감온도는 그보다 7~8도를 더하면 됩니다. 여기서 53도까지 경험해 봤습니다. 이번 하노이 일부 지역은 42도로 이 기록은 45년 만에 처음이라고 합니다.

40도 이상. 상상이 가능하신가요? 나무에서 떨어진 나뭇잎도 바싹바싹 말라서 떼굴떼굴 소리 내서 구르고, 신체기관 중 밖에 나와 있는 기관인 눈이 상할까 봐 눈을 가늘게 뜨고 다닌다는 사람도 있어요. 심지어 모기, 파리들도 완전히 자취를 감춰 버렸습니다.

밖에 나가면 불가마에 들어가는 기분. 열풍이 훅훅 부는데 시내 전체에 초대형 난방 장치를 가동하고 있는 느낌입니다. 아이스크림은 사면 그 자리에서 먹어야지 가지고 오면 오는 중에 다 녹아 버립니다. 문 밑으로 들어오는 더운 바람이 무시무시해서 틈새를 옷으로 다 막았습니다.

　커튼을 드리운 멋진 창이 아니라 두꺼운 커튼을 겹겹이 치고 나서도 커튼과 커튼 사이의 5센티 정도 되는 틈으로 기어들어 오는 햇빛에 눈이 부십니다. 문 밑 틈새도 다 막았습니다. 현관문에 사람이 오면 누군지 쳐다보는 조그만 구멍으로 들어오는 햇살도 보름달처럼 밝습니다. 5시면 뜨는 아침 햇살도 싱그럽지 않고 어디든 쓰리쿠션 먹고 오는 햇빛만 있어도 징그럽습니다.

　에어컨을 24시간 가동해야 하고 그도 모자라서 선풍기도 동시에 가동입니다. 다행히 전력사정이 괜찮은가 봐요. 정전이라도 되면 큰일인데…. 수돗물도 그냥 미지근하니까 그대로 샤워하긴 딱 좋네요.

여기 베트남 애들도 야외 활동은 자제한답니다. 거리도 한산해지고 겨울에 영상 10도 이하면 자동 휴교, 여름엔 40도 이상이면 자동 휴교이고요. 혹시 바깥에 나가면 에어컨이 빵빵한 쇼핑몰에 가니까 거기에만 사람들이 몰려들어요. 쇼핑몰은 널찍하게 돌아다니기 쉽게 만들어야 가족단위로 와서 놀기도 하고 물건도 좀 사겠죠.

하노이 최고층 건물 1, 2위. 모두 한국회사가 보유한 경남빌딩이나 롯데빌딩 같은 고층빌딩은 사람들이 안 가네요, 안타깝게도. 널찍하게 돌아다니도록 만들어야 하는데 구조적으로 현실을 모르고 만든 것 같아요.

아스팔트와 차량 그리고 건물들. 특히, 유리 건물이 온도를 올리는 주범인 것 같아요. 도로 위에 지붕을 만들어 잔디를 심든지 건물 외벽은 모두 울퉁불퉁하게 나무로만 만들든 할 것이지. 하여튼, 지금 사우나 좋아하시는 분은 여기 오세요. 공짜로 즐길 수 있습니다. 하노이 사람들이 한국에서 불가마 사우나 가면 시시하다고 할 겁니다. 저도 어서 차도르 비슷한 거 있는지 구해봐야겠네요.

비가 오니 천국

📑 40도. 정말 경험해 보지 않으신 분은 모를
거예요. 밤에도 몇 번씩 깨서는 에어컨을 켰다 껐다 하니 당연히 잠도
설치고요, 아침에 멍해질 때도 있습니다.

저녁 식사 후 33도 정도 되는 밤에 나가서 열풍 속을 걸으면 그거라
도 행복이었죠. 그땐 온 동네 사람들이 다 나옵니다. 특히, 낮에 자던
애들은 모조리 나와서 놀아요. 부러울 정도로 엄청나게 많아요. 예전
에어컨 없을 땐 여긴 아마 겨울잠이 아닌 여름잠이란 게 있었을 것 같
아요. 그것도 낮에. 여기 사람들 생일이 3월~8월 사이에는 많지 않습
니다. 왜냐면, 더우니까….

그런데 웬걸, 오늘 아침엔 비가 오네요. 시원한 바람까지 부는데 기
온을 보니 28도가량. 창을 활짝 열고, '이게 바로 천국이구나.' 하고 느
끼는 순간입니다. 누군가 "천국은 마음속에 있다."고 했었는데 전 오늘

알았습니다. 천국은 고생 끝에 찾아온다는 걸.

예전에 일 년 내내 더운 상하의 나라에서 살 때는 그래도 거의 하루에 한 번씩 스콜이 내렸습니다. 약 30분이나 한 시간 정도. 그러면 대지를 식히고 기온이 내려가서 지낼 만한 거죠. 가끔 3~4일씩 비가 안 오면 찌는 더위에 힘들었지만 그런 건 드물었었지요. 거기 상하의 나라에도 가끔은 종일 부슬비가 오는 적이 있었습니다. 며칠간 계속 비가 오면 정말 지내기 좋은 날씨가 되지요.

여기 하노이는 하루에 한 번씩 비가 내리는 게 아니니까, 찌는 더위에 더해서 한껏 틀어놓은 냉방기에서 나오는 열풍을 더해서. 이 정도가 기본이고, 가끔 비가 오고 바람이 불면 그땐 천국을 갔다 오는 셈이 됩니다.

여기 건물 대부분이 이중창이 아니어서 창가에서 3m는 여전히 덥습니다. 제 책상은 창가에 있는데 그간은 경치가 좋아서 즐겼는데 여름엔 완전 반전이네요.

여긴 가끔 식당 창문에 물을 가득 넣은 비닐봉지를 걸어 놓은걸 볼 수 있습니다. 그걸 걸어 놓으면 파리나 모기가 없어진다고 합니다. 파리가 물 넣은 비닐봉지 속에 있는 자기보다 엄청나게 큰놈을 보고 질겁해서 도망간다고 하네요. 그 파리도 비가 그리워서 물만 보면 다가가나 봐요. 수영장 찾는 애들처럼.

그리고 보니까 어째 하노이가 천국이 되어 버린 느낌이네요. 다음 더울 땐 또다시 다가올 천국을 기대하며 지내봐야겠네요.

하노이 폭염, 드디어 한국까지

　요즘 한국도 폭염에 무척 힘드시죠? 베트남과 한국은 문화도 비슷하고 개고기를 위시하여 음식도 비슷하고, 사람들 생김새도 비슷해서 구별하기도 힘들다고 했었는데 이젠 날씨도 비슷해졌네요. 여기서 친근했던 39도~ 40도의 폭염이 한국으로 갔군요.

　하지만 기상청에서 발표하는 온도만으로는 잘 모르겠습니다. 왜냐면 같은 35도라도 여긴 훨씬 더 더운 것 같고, 겨울엔 영상 10도인데도 오리털 파카를 입거나 침대에 전기담요를 켜야 하니까요. 섭씨 화씨를 떠나서 기온 외에 바람, 습도, 그리고 공해를 같이 고려해야 맞을 것 같아요. 누가 좀 새로운 기준을 만들어 보시면 좋겠네요.

　하노이는 시즌이 두 개라고 봐야 할 겁니다. 해만 뜨면 견디기 어려운 폭염 시즌, 그리고 뿌연 하늘 속으로 해가 사라지는 공해 시즌. 그래서 호찌민처럼 '건기와 우기'가 아니라 '폭염기와 공해기'. 해가 사라지면

덥지 않아서, 공기가 위로 올라가지 않고 공해가 대기 중에 머무른다는 의견에 수긍이 갑니다.

이참에 더 비슷해질 수 있는 건 또 무엇이 있을까 생각해 보았습니다. 요즘 한국 경제가 수출이 부진하고 내수도 위축되어 장기 불황으로 가는 모습이지만, 여기 베트남은 아직 6% 이상의 경제 성장이 가능하고 잘 나가고 있습니다.

그렇다면, 아예 이참에 양국이 EU같이 경제 통합해 버리면 어떨까요? 일단 내수시장 규모가 1억 5천만이라는 수준급으로 올라가겠네요. 양국 간 비자도 없다면 맘대로 여행 다닐 거고요. 한국엔 베트남 노동자들로 모든 인건비는 자동으로 반타작.

우리도 베트남도 돈에 쓸데없는 '0'이 너무 많잖아요. 이 기회에 적당히 정리해 버리고, 한국 기업들 유보금이 남아돈다던데 베트남 시장 확보를 위해 쓰겠지요. 아마도 돈이 금고에서 탈출해서 홍수같이 왔다 갔다 할 것 같은 느낌입니다.

　우리나라 은퇴 노인들은 따뜻한 나라에 와서 갖가지 과일들 실컷 즐기시고 추운 겨울에 벌벌 떨지 않고도 활개치고 다니고 일하실 겁니다. 큼직한 텃밭에서 쌀이며 채소며 수산물들 걱정 없이 풍족하게 누리실 수 있을 거고요. 유기농 달걀도 당연 가능하지요.

　결혼 못 하는 젊은이들 고민 바로 해소 가능합니다. 서울 시내에도 베트남 꼬마들이 진출하면 꽃보다 더 아름다운 거리가 여기저기…. 거주인구로 따져서 한국의 평균연령은 반 토막이 날 수도 있겠네요. 대신 베트남은 한국 노인들이 이용하는 요양원과 요양병원 많이 늘어나라고 하구요. 한국말 학원도 같이 늘리고, 베트남의 도로, 철도, 공항, 병원, 요양병원까지 사회 인프라 개발은 자동으로 모두 우리 업체들이 맡고요.

　수년간 시행착오도 당연히 겪겠지만, 이 양국 간 경제통합이 자리 잡게 된다면 이거야말로 원윈? 그다음 순서는 북한과. 요령은 전과 동. 그다음도 또….

오토바이는 문화 그 자체

▌ 여기서 가장 인상적인 것 중 하나는 역시 오토바이 관련입니다. 특히, 신호등에 걸린 오토바이들이 멈춰 서 있다가 신호등이 바뀌면 함께 달려나가는 모습들. 지축이 흔들리는 굉음과 진동에 흠칫 놀라곤 합니다. 마치 영화 속 로마 병정들의 진군하는 모습이랄까. 여기에 무기 하나씩만 쥐여주면 현대판 칭기즈칸이 다시 돌아올 것 같은 느낌입니다.

더구나 베트남은 여자들도 모두 오토바이를 타니까 그 세력이 두 배가 되겠죠. 보통 오토바이는 순발력이 필요하니까 젊은이들만 탑니다. 흰머리 휘날리는 사람들이 타는 경우는 거의 보기 힘들지요. 오토바이 진군. 이건 베트남이 젊음의 활력이 넘치는 나라라서 가능한 모습들입니다.

오늘은 출근길에 비 때문에 길이 막히는 바람에 차 안에서 주위를 유심히 보게 되었네요. 사실 길에서 둘러보면 아직은 차보다 오토바이가 훨씬 많지요.

그런데 빗속을 다니는 오토바이를 자세히 보니 재밌더라고요. 비옷, 아니 비를 막는 오토바이 카바가 다들 있는데(비막이라고 하죠) 어떤 사람은 비옷으로 상의 하의를 입은 사람, 어떤 사람은 사람뿐 아니라 오토바이 전체를 감싸는 비막이, 어떤 사람은 자신과 뒤에 탄 사람까지 막는 2인용 비막이.

그뿐만 아니라 오토바이가 빨간색이면 비막이도 빨간색, 자기 옷이 초록색이면 비막이도 초록색이네요. 여자들은 비옷을 입어도 비막이를 해도 다리가 보이게끔 하고 있어요. 하노이에선 이 비막이도 다양하고 그야말로 패션입니다.

생각해보니 여기선 모든 사람들이 오토바이를 타야 하고 또 탈 줄 압니다. 만약 이 사람들이 자기 오토바이를 모두 차로 바꾼다면, 그땐 아마 정말 훨씬 심한 교통지옥이 뻔하게 되겠죠.

여기 오토바이 타는 여성들 보면 팔이 긴 잠바를 입어요. 대부분이 색깔만 다르지 중동 여자들이랑 똑같이 온몸을 칭칭 감고 두릅니다. 마스크까지 해서 무슨 유니폼같이 되어 버렸고요. 어떤 오토바이는 가족 4명이 다 타는 경우도 있고, 비가와도 우비를 입고 탑니다. 다들 잘들 타더라고요.

오토바이가 베트남 전체 4천만 대 이상이라고 하니까 하노이만 4백만 대로 보면 되겠지요? 일단 오토바이 뒤에 타면 자동으로 연인이 되는 모양이에요. 그래서인지 여기 사람들 서른 넘어서 결혼하는 사람들은 거의 없고, 아기는 둘 이상 낳아 오토바이에 모두 태우고 다니면서 즐기기도 하고요.

러시아워 땐 오토바이도 별수 없습니다. 인도로 가는 오토바이도 많고 가다 서다 반복하기도 하고, 비만 오면 오토바이들이 길가에 서서 비막이를 꺼내 입는 모습이 보여요. 폭우가 오면 고가다리 밑에 세워두고 비가 그치기를 기다리는 데 길에 진흙이 넘치면 신발이 더러워질 수밖에 없고 그때쯤에는 사거리에 차량과 오토바이, 자전거와 사람들이 뒤엉켜서 혼잡 그 자체입니다. 그런데도 길에서 사고가 안 나는 게 신기합니다. 차나 사람이나 자전거나 오토바이나 권리가 똑같은 가 봐요.

차라리 오토바이를 제대로 활성화하는 게 현명할 것 같네요. 그러려면 먼저 오토바이 전용 차선이 필요하겠네요. 우리 버스 차선처럼. 오토바이 비막이를 컨버터블로 만들어서 사용이 편리하게 해주면 더 좋을 거고요. 지금은 연간 3백만 대나 되는 오토바이 시장을 혼다가 거의 싹쓸이 하는데, 한국 기술이 가능하다면 우리가 도와서 베트남 오토바이 브랜드를 만들도록 대응해 주고, 특히 버스를 늘려 대중교통을 활성화하도록 버스 현대화도 지원하면 좋겠네요.

최근 전기자전거가 늘어나는 추세입니다. 전기자전거는 헬멧을 안 써도 되고 면허도 필요 없다나요. 지금은 중국 제품이 판을 치고 있는데 한국 제품이 있으면 석권할 수 있습니다. 한국을 워낙 좋아하니까 전기자전거나 관련 부품 한국 업체들 열심히 찾아도 없어서 안타까워했었습니다.

도로를 건널 때는 복잡한 차들과 오토바이들에 흥분하고 인상을 찌푸리기보다는 오히려 엉킨 실타래를 하나하나 푸는 재미를 느끼는 셈 치고 건너도록 생각해야 편합니다. 한국에서 오시는 분들은 차가 많은 사거리를 대각선으로 한번 걸어보세요. 여기 한번 지나가 보면 인생을 초월하는 느낌일 거예요.

한국산 버스와 택시

■ 하노이 교통에서 가장 많이 이용하는 건 택시입니다. 종류가 너무 많아서 아무거나 타시면 곤란합니다. '마일링'이라는 초록색 택시나 '택시그룹'같은 이름 있는 큰 회사 택시는 몰라도 나머진 자칫하면 당할 수 있습니다.

여긴 택시요금이 택시회사마다 다 다릅니다. 6,000동에서 시작해서 10,000동까지 그러니까 기본요금이 한국 돈으론 300~500원이 됩니다. 그리고 km마다 1,000동(50원)에서 2,000동(100원)씩 올라갑니다. 공항까지 3십만 동에서 4십만 동이니까 약 2만원? 우리 집에서 시내까지 18만 동(9천원) 가량 나오기도 했으니까 다른 물가에 비해선 비싼 편입니다.

그런데 일부 한국 사람 중에는 몸에 밴 절약정신으로 택시요금 무지 따지는 사람들 많아요. 어떤 한국 사람이 13,000동(650원)나온 요금을

그대로 계산해서 주니까 택시기사가 10,000동만 받고 3,000동은 그 자리에서 쫙쫙 찢어 버리더라나요? 차가 돌아왔다며 2~3,000동 더 나 왔느니 따지다가 멱살 잡고 싸우는 한국 사람들도 간혹 있습니다.

버스는 거리에 상관없이 7,000동(350원). 너무 배차 간격이 길고 노후화하여 휴일 느긋할 때 빼곤 이용이 곤란합니다. 평일에는 만원 버스가 되어서 탈 수가 없지요. 소매치기도 있다고 하더라고요. 그래도 버스를 이용하는 한국 사람들은 많은 편이고요. 한 달 정액권 20만 동(1만원)을 끊어서 타면 되는데 60세 이상이면 반액인 10만 동입니다.

여기 버스엔 차장이 있습니다. 돈을 내면 표를 끊어 주는데 반드시 보관해야 합니다. 중간에 검사원이 타서 표를 소지했는지 확인합니다. 차장이 공짜로 사람을 태웠는지 확인하는 거죠. 여기 차장은 권한이 막강합니다. 차에 타면 누구 일어나라든지 서 있는데도 자리를 저리로 옮기라든지 지시하곤 합니다.

버스는 아직 한국 중고차들이 많은 편입니다. 택시도 대부분 소형인데 한국차가 대종을 차지하고 있습니다. 아직 중형, 대형차에서는 시장을 확보하지 못했지만 소형은 현지 조립으로 택시 시장을 석권하고 있습니다.

여기 교통의 진수는 아무래도 오토바이죠. 남녀노소 할 것 없이 모두 타니까 최고의 교통수단입니다. 생각보단 사고가 많지 않은 것 같습니다. 통계로는 하루 몇백 명이 사고라고 하더군요.

길을 건널 때 벌떼 같이 몰려드는 오토바이에 처음엔 겁을 먹었지만, 이젠 그냥 천천히 건너면 다 피해 가더라고요. 가급적 그럴 필요는 없지만요.

상황이 이렇다 보니까 차나 승용차가 아무리 좋아도 제 기능을 못 합니다. 얼마 전 하롱베이를 승용차로 갔었는데 두 번 다신 가기 싫어졌습니다. 이건 2차선 도로에 계속 위험하게 추월해야 하니까 보기만 해도 신경이 곤두서고요. 가끔 반대 차선에서 돌진하는 오토바이들 보면 비명이 절로 나옵니다. 그러니까 150km에 4시간이나 걸리죠. 그 시간이 얼마나 길던지…. 하롱베이 가실 땐 될 수 있으면 대형차를 타세요. 그것도 뒤에.

그렇게 뒤엉키는데도 별로 싸우진 않는 편입니다. 한번은 제가 탄 택시가 오토바이와 부딪혔는데, 사실은 앞서가던 오토바이가 급히 서는 바람에 택시가 가까스로 옆으로 피해서 섰고, 뒤에서 달려오던 오토바이가 택시를 마저 피하지 못하고 택시 옆으로 충돌하여 넘어진 사건입니다. 그런데 그 오토바이 아가씨가 운전기사한테 몇 차례 큰소리 지르더니만 그냥 넘어진 오토바이 다시 세워서 타고 갑니다. 마치 아무 일도 없었던 것처럼…. 차 세워 놓고 싸우거나 "죽구싶어!" 그런 욕을 하는 거 아직은 본 적이 없습니다. 여기선 택시를 타더라도 빨리(='양양') 가라고 재촉하지 마세요.

독립, 자유, 행복을 국시로 해서 그런지 아무리 가난해도 모두가 소중한 생명이고 행복이 먼저라고 생각하고 있는 거 같고요. 힘들어도 힘든 지조차도 모르면서 웃음을 잃지 않는 사람들의 모습을 보고 있습니다.

그런데 우리나라 국시는 뭔가요? 갑자기 궁금해지네요.

슬리핑 버스와 기차

■ 여긴 크리스마스가 휴일이 아니라서 그런지, 그리고 송년회와 신년행사를 모두 구정으로 진행해서 그런지 연말 분위기가 없습니다. 그렇게 춥지도 않고요. 지금 현재 기온이 25도 전후니까 말이죠.

그래도 뿌연 날씨에 꼭 실내에서 보면 창 바깥은 눈 오는 날씨 같아요. 정작 창을 열면, 아니 나가서 밖을 보면 눈은 안 오는데도 혹시 저 혼자만 눈이 그리워서 그런 환상에 빠진 건지도 모르죠.

지난 일요일에 하노이에서 남쪽으로 300km 떨어진 '네안'이라는 지방성을 갔었습니다. '빙'이라는 도시가 성의 수도인데 호찌민의 고향으로 유명한 고장이죠. 태어나서 전혀 듣도 보도 못한 곳을 가 본다는 게 흐뭇하고 신기하더라고요. 어릴 때 소풍 가는 기분, 아니면 그 이상?

　그런데 지금 갔다 와서 느끼는 가장 커다란 점은 바로 슬리핑 버스하고 기차입니다. 갈 때도 올 때도 밤차로 이동했는데 전부 누워서 이동한 거죠. 편도 300km이지만 시간은 6시간이 걸리죠. 평균 시속 50km.

　슬리핑 버스는 한 줄에 자리가 3개. 그러니까 침대와 침대 사이가 복도고, 그게 다섯 줄이고 2층으로 되어있으니까 총 정원은 30명. 저는 느지막이 가서 마지막 줄에 누웠는데 거기는 복도 2개를 줄이고 화장실을 만들었어요. 그러니까 옆에 있는 사람과는 붙어서 누워있는 셈이죠.

　근데 이건 옆으로 돌아눕기도 어려워요. 발을 쭉 뻗어도 되지만 완전 차렷 자세여야 하고 더 걱정은 맨 뒷자리가 되니까 만약의 사태에 꼼짝 없이 당해야 하는 문제. 히야! 가는 내내 내 옆의 유리창을 밀치면 열릴까 안 열릴까 상상만 하다가 밤을 지샜네요.

▲ 2층 슬리핑 버스

▲ 기차 내부

▲ 기차 침대칸 내부

올 때 이용한 밤 기차는 아주 좋았습니다. 여긴 아직도 협궤여서 기차가 느리고 작습니다. 그래도 한쪽 통로를 두고는 침실 칸을 만들어 놨는데 칸마다 2층으로 총 4개의 침대가 있고요. 짐을 두도록 밑에 공간도 있어서 버스에 비하면 훨씬 공간이 넓었습니다.

예전에 이탈리아에서 지중해를 따라 프랑스로 가는 기차를 타 본 적이 있는데 거의 비슷한 구조였죠. 다만, 그땐 혼자여서 어떤 놈이 뭐라도 훔쳐 갈까 봐 잠도 못 자고 걱정이었었는데 여기 베트남의 안전은 역시 괜찮더라고요. 물론 동행이 있었기는 했지만.

여기 기차는 4가지 좌석이 있습니다. 딱딱한 의자, 쿠션 의자, 6인용 침대, 그리고 4인용 침대. 속도만 조금 빠르면 하노이에서 다낭, 그리고 호찌민으로 여행할 수 있는 좋은 관광 코스입니다.

매일 23명이 도로에서…

■ 베트남 매년 하루 23명꼴로 도로에서 사고로…. 그럼 연간 8,000명 이상이 도로에서 세상을 떠난다는 얘기예요. 우리나라는 5,000명 이상이 연간 사고로 죽으니까 인구비로 따지면 높다고 하긴 어렵네요. 게다가 우리나라 자살 인구는 이보다 훨씬 높아서 뭐.

여기선 우회전이 가장 힘듭니다. 우회전하려 하면 내 오른쪽으로 오토바이들이 속도를 줄이지 않고 쌩쌩 지나가는데, 만약 그냥 우회전해 버리면 오토바이 여러 대가 부딪혀 나동그라질 겁니다. 그래서 속도를 완전히 줄이고 천천히 천천히 오른쪽으로 조금씩 돌아야 합니다.

그럼 좌회전은 쉬울까요? 물론 녹색불이지만 좌회전하려고 하면 상대방에서 계속 직진해 오는 차들, 오토바이들이 있어요. 그걸 다 피해 주고 약간 왼쪽으로 가는 순간 대각선으로 지나가는 오토바이와 자전거. 그러면 다시 또 직진해 오는 차량, 오토바이, 그리고 걷는 사람들까지 피해서… 완전히 'S' 자를 거꾸로 쓰듯 지그재그로 가야 좌회전이 완성됩니다.

도로에서 건널목을 건너려고 해도 멈춰 주는 차량은 아무도 없어요. 그래서 먼저 왼쪽으로 도로를 봐야 합니다. 차량이 뜸해질 때까지. 우리처럼 우측통행이니까요. 그리고 차가 없으면 천천히 건너야 하는데 그러다간 당한다고 봐야지요. 왜냐면 오른쪽에서 역주행하는 오토바이가 있으니까요. 다리를 스치면 전치 80년쯤?

시내에서 집으로 올 때 택시를 타려면 먼저 집으로 오는 방향의 택시를 잡아야 하잖아요? 그러려면 길을 건너야 할 경우가 있습니다. 그런데 그 길 건너는 게 쉬운 일이 아니니까, 고민하지 말고 그냥 반대편 택시를 타면 됩니다. 그리고 방향을 말하면 택시는 그 자리에서 그대로 유턴. 그렇게 간단한 걸 몰랐네요.

이런 식이니 여기서 오토바이 탄다면 한마디로 자살행위입니다. 여기서 차 운전하는 것도 몇십 년 감수는 보통일 거예요. 그냥 차를 타고 다녀도 온몸이 오싹오싹한데 운전은 도저히 못 하겠어요. 그래서 하롱베이는 두 번 다시 가지 않습니다.

여기는 도로 시스템이 큰길부터 작은 길까지 3가지로 분류되는데, 먼저 가장 큰길은 '드엉(DUONG)', 대로입니다. 한자로는 '도'. 그다음이 '포

(PHO)'. 먹는 쌀국수와 스펠링은 같은데 점들이 틀려서 발음은 다릅니다. 작은 길은 '응오(NGO)'. 이거 발음이 까다로워요. 오인지 응오인지 뇨인지. 한자로 '가'인 것 같은데 'NGO' 외에는 대부분 길에 사람 이름이 많아 우리처럼 번호만 많은 그런 길 이름은 아닙니다.

지난 금요일은 국경일로 휴일이었는데 하노이에서 가장 큰 'AEON'이란 대형 몰을 다녀와 봤습니다. 아침 시간인데도 사람들이 얼마나 많던지 식당도 자리만 있으면 다 앉아있고, 그냥 돌아오려는데 주차장에 끝없이 늘어서 있는 오토바이들에 입이 그냥 다물어지지 않네요.

헌디와 버짐, 아시나요?

▌ 여긴 10월 말인 지금도 낮에는 30도를 넘나들지만 그래도 가을이라고 부르더군요. 저녁이나 주말엔 모두 나와서 거리를 활보하고요. 점점 공해가 심해지면서 푸른 하늘은 어디론가 사라져 버렸어요. 아파트 주변에 뒹구는 꼬마들도 많고요. 그런데 유심히 보니까.

'헌디'라는 단어 들어보셨어요? 그리고 머리에 있는 버짐들. 기억하세요? 아마 오래전에 들었던, 벌써 잊어버린 단어일 거예요. 우리는… 이젠 추억 속에만 남아 있을 그런 거. 여기선 아직 볼 수 있더군요. 이거 혹시 UN 유산으로 지정해야 하는 건 아닌가요?

아직도 여기는 교통이 불편해서 차량이나 기차로 이동이 쉽지 않습니다. 도로가 정비되지 않았고 시속 50km 정도니 너무 오래 걸리고요. 철도는 아직 협궤고 단선이라서 호찌민까지 1,700km에 30시간이나 걸립니다. 그래도 부득이 이동할 때는 버스보단 기차가 낫지요. 물론 침대차로 말이죠.

기차는 한 방에 침대가 4개나 6개가 있는데 4개면 2층으로, 6개면 3층으로 되어 있지요. 버스도 장거리는 침대 버스를 타는데 3개씩 5줄, 그리고 2층. 문제는 요를 펄럭거릴 때마다 먼지에, 바퀴벌레도 있고 아마도 이나 벼룩도 있을 거예요. 그래서인지 시내에는 침낭 크기만 한 비닐 주머니를 파는데 그게 바로 차를 탈 때 쓰는 겁니다.

여기 바퀴벌레는 크기가 손가락 정도 되는데 가끔 날개도 있어서 날아다니지요. 집안에는 작은 개미도 있지만 1cm 정도 되는 커다란 개미도 있습니다. 이 개미는 날개도 있고 붉은 빛깔이 나는데 팔에 앉아 있는 걸 때려잡으면 큰일 납니다. 잡는 순간 분비하는 산성 화합물로 '컴퓨터 마우스' 크기만 한 붉은 반점이 생겨서 화상 입은 것처럼 됩니다. 병원 신세를 안 지려면 그냥 손가락으로 툭 튕겨서 날려 보내야 합니다.

하지만 집에 도마뱀, 아니 작은 겟코 한 마리만 있으면 개미건 바퀴벌레건 보기 힘듭니다. 저도 예전엔 겟코를 잡거나 쫓아 보냈는데 이젠 있으면 환영이죠. 또 붕산을 설탕과 물을 섞어서 구석구석에 두면 집안의 개미들 벌레들 모조리 소탕 가능합니다. 그게 신기한 게 자기 집으로 물고 가서 자폭 하나 봐요. 한번 사용해 보세요.

여기 현지인들이 사는 집들은 대부분 우리보단 천장이 높은 편입니다. 그런데 환기를 위해서 천장 가까운데 높이 커다란 구멍을 뚫어 놓더군요. 그래서인지 그리로 쥐들이 많이 다니는데 그것도 작은 게 아니라 큼직한 쥐들. 아마 'Mouse'가 아니라 'Rat'들이라고 해야겠죠. 고양이도 흠칫할 것 같아요.

가끔 거리에서는 투계, 닭싸움을 벌이는 모습들도 보이는데 그 닭들은 다리도 길고 목도 길어요. 싸움닭들은 생긴 거부터가 다르더군요. 개중에는 발이 아주 두툼하게 커다란 닭들도 있는데 이건 귀중한 선물이 된다고 합니다. 조금만 교외로 나가면 발이 두툼한 특식 닭요리를 그 자리에서 바로 잡아서 요리해 주니까 신선하겠죠?

최근 베트남 국경에서 어린 여자들을 납치해 가는 중국 사람들이 가끔 잡힙니다. 일자리 준다고 꾀어서 데리고 가는데, 막상 가면 다른 놈들한테 팔아먹고…. 중국에는 성비가 너무 차이가 나서 수천만 남자가 결혼 못 한다지만. 헌디와 버짐보다 위험한 건 사람. 그것도 중국 사람이네요.

절실한 도로와 철도 개발

▌ 여기서 가장 시급하고 절실하다고 느끼는 건 아무래도 도로 사정입니다.

만약 도로만 제대로 되어있다면, 먼저 하노이-호찌민 간 아주 긴 해안도로가 멋지게 펼쳐진다면 세계적인 관광지가 될 거 같더라고요. 지중해안만큼이나 좋은.

그러면 관광객이 몰려오고 곳곳에 숙소와 골프장, 리조트가 필요할 거고, 무엇보다 차량 수요가 급증하겠지요. 제가 꼽은 베트남이 추진해야 할 전략 산업 0순위입니다.

지금은 하노이 주변 거리 계산은 시속 50km로 하시면 됩니다. 그러니까 하롱베이가 150km라면, 3시간 잡으면 되죠. 쉬는 시간은 별도로 추가. 시속 100km로 다닐 데가 거의 없지요. 그래서 하노이에서

700km 떨어진 다낭이나 1,700km떨어진 호찌민을 차로 가는 건 아예 옵션에도 없는 겁니다.

지난 토요일 저는 50km 떨어진 곳을 택시로 가게 되었습니다. 구글 맵을 켜놓고 기사에게 이리 가라 저리 가라 하면서 1시간이면 가려니 싶었죠. 사실 제가 아는 베트남 단어는 직진은 '디탕', 우회전은 '제빠이', 좌회전은 '제짜이', 이거밖에 없습니다.

하여튼, 가야 할 목적지까지 반 이상은 순조로웠는데 그다음 구글 지도의 길을 따라가니 1차선 콘크리트 포장도로, 그러니까 동네 길들을 가더라고요. 그러더니 급기야 지도에 나온 다리가 공사 중. 다시 원위치해야 했습니다.

다른 길로 돌아가니 또 다른 다리는 길이 아예 없네요. 대충 보니까 앞으로 생길 도로가 구글맵에 그려져 있는 것 같았고 결국, 뒤로 한참을 돌아와서 50km를 2시간에 주파했습니다. 이게 여기 현실입니다.

여긴 해안선이 기니 바다가 계속 펼쳐지는 만큼 섬들도 많겠지요. 동쪽으로 훙사 군도 쭝사 군도가 있다고 합니다. 중국과 분쟁이라는 곳이에요. 히야 이거 정말 우리 제주도식으로만 개발하면 엄청난 관광 자원일 텐데요.

그리로 가는 교통편인 비행기가 없으니 개발이 안 되고, 숙소도 없으

니 문제지요. 만약 우리 한국이 베트남 정부와 관광지 개발에 합의한다면 우리나라도 돈 버는 기회가 될 것 같군요.

기차도 예전 일본식으로 협궤에 단선으로 호찌민까지 30여 시간이 걸린다니까. 그것도 시속 약 50km정도가 한계에요. 어제인가 신문에 나온 개발 계획에는 2020년까지 시속 80km까지 올린다는 내용이었습니다.

ADB[Asian Development Bank, 아시아 개발 은행]하고 일본이 자금을 대느니 어쩌니 하면서 공사를 따겠다는 욕심이겠죠. 2차로 150km공사를 또 해먹고. 한국이 하면 그냥 시속 200~300km로 한방에 저지를 텐데 말이죠.

시내 도로도 마찬가지입니다. 우리 집에서 시내로, 예를 들어 롯데빌딩으로 직선으로는 5km 정도일 겁니다. 우리 사무실에서 경남빌딩까지 직선은 500m 정도. 그런데 딱 중간에 있는 집들로 인해 도로가 막혀서 돌아가야 합니다.

집들이, 동네가 막고 있는걸 해결하지 못하나 보네요. 공산주의가 힘을 쓰는 부분이, 즉 인민의 힘이 발휘하는 데가 바로 여기인 것 같네요.

젊고 행복한 사람들

꼬마들이 많아도 너무 많아요

■ 여름에 푸른 하늘이란 여기서는 아름다운 게 아닌 무서운 단어입니다. 낮에는 어차피 나가서 놀 수가 없고 밤에만 나가서 놀아야 하는데, 밤에도 온도가 30도 넘을 때가 많습니다. 그래도 바람이라도 불면 체감온도가 떨어지니까 밖에 나가야 합니다.

우리 집 앞은 도로가 넓게 뚫려 있고 도로와 아파트 단지 사이로 넓은 주차장이 있어서 주변 동네 사람들의 놀이터로 안성맞춤인가 봐요. 서울의 한강 둔치처럼 어둠 속 실루엣으로는 아줌마들이 30~40명 항상 에어로빅댄스를 하는 모습도 보입니다.

저도 그 시간 저녁 후 어두워지면 단지를 5바퀴 돕니다. 그게 한 5km 정도. 그런데 나갈 때마다 느끼는 건데 애들이 너무 많은 거예요, 치여서 걸을 수가 없을 정도로. 기어 다니는 애들, 자전거나 롤러 스케이팅 하는 애들, 축구 경기를 하는 애들 등등. 애들이 너무 많아서 한번은 정

말 대충 세어봤습니다. 얼마나 많은지 200명은 족히 넘는 것 같아요.

여긴 아직 아이는 2명까지라는 산아제한이 있습니다. 권고사항이지
만 공무원이나 공산당 당원은 의무적으로 따라야 합니다. 특별한 경우
에는 미리 사유서를 제출해야 한다고 합니다. 그래서인지 거의 모두 아
이는 2명씩입니다. 언젠가 30세 된 여성이 자기는 30세에 결혼하게 되
어서 행운이라고 얘기하더군요. 그러니까 30세 전에 결혼하는 걸 아주
당연히 생각하는 거지요. 이런 분위기가 우리도 있었었는데….

햐 이거 정말 부럽더라고요. 뒹굴고 뒤집어지고 엎어지는 모습들이
아름다운 거예요. 지금 베트남 인구가 9천만 명이라고 하는데 1억 돌
파는 시간문제가 아닐지. 그도 그럴 것이 주변에 임신한 여자들이 너무
많아요.

　아무래도 쌀과 과일이 풍부하니까 삶의 기본이 갖추어져 있다고 봐야 하나 봐요. 그러니까 치안도 아주 좋고, 자살도 별로 없고, 평화로운 사회를 만드나 봅니다. 아직 거지가 없는 나라, 돈보다 가정과 전통을 중시하고 있는 나라, 남녀 모두 일자리 걱정 없이 취직해서 일하는 나라, 30세 이하 젊은이가 9천만 인구의 거의 3분의 2인 나라. 꼬마들이 너무 많은 나라.

　아무튼, 아직은 결혼하고 아이를 낳는 걸 당연시해서 그런 건지 먹고 살기에 걱정이 없어서 그런 건지 애들이 많이 생기는 원동력이 뭔가는 있는 것 같아요.

1살부터 유치원에

█ 여기에선 10개월 된 아이가 유치원 간다고 해서 깜짝 놀랐습니다. 그것도 아침 8시부터 저녁 5시까지. 여기 애들은 9개월이면 걷기 시작한다네요. 우리보다 좀 빠르죠? 엄마들의 유급 휴가가 법적으로 6개월, 그리고 보통 6개월의 휴가를 더해서 1년을 쉰다던데 애들이 그전에 열심히 걸으려고 노력하나 봐요.

여긴 동네 곳곳에 유치원이 많습니다. 아침에 출근하다 보면 건물 입구에서 애들 무용하는 유치원 모습들이 여기저기 많이 눈에 띕니다. 출근하면서 부모들이 맡기고 가고, 퇴근하면서 데리고 가고. 주로 오토바이를 타고 가지요. 부모들이 애들 유치원 보내기 좋도록 제도가 되어 있는 겁니다. 가까운데 사는 아이들은 할머니나 할아버지가 데려다 주기도 하지만.

아이들은 온종일 유치원에서 시간을 보내는데 점심은 보통 도시락이 아니라 캐터링 회사가 준비해서 여러 유치원에 공급하는 모양이에요. 한 끼에 1천 원 정도. 점심 후에는 유치원에서 당연히 아이들이 오수를 즐기게 되어 있을 거고.

유치원과 초등학교 오토바이 통학

한 유치원에 정원이 대략 30명 정도인데 선생님은 3명 정도. 많으면 4명? 선생님 일 인당 10명 정도 아이를 맡은 셈입니다. 한 달 비용은 점심을 포함해서 일 인당 5만원 정도. 교외나 시골로 나가면 가격이 반으로 떨어진다고 합니다. 그 가격이 점심을 포함하는 가격이니까 나머지로 선생님 월급만 간신히 나오겠네요. 사립 유치원에 보내면 15만원 정도로 올라가고 외국인 유치원에 보내면 당연히 훨씬 비싸다고 합니다. 선생님 월급, 아니면 건물 임대료는 아마도 정부에서 보조해 주는 것으로 보입니다.

여기는 만 6살이 되면 초등학교에 들어갑니다. 그때까진 매일 8시에 유치원에 가서 5시가 되어야 엄마나 아빠를 볼 수 있습니다. 물론 초등학교에 가도 마찬가지고요.

그래서 그런지 여기 모든 회식은 점심때 이루어지고, 그 날은 이미 11시면 나가기 시작합니다. 회식 후 예정된 다음 코스는 가라오케라서 최근에 필리핀 대통령이 국빈 방문했을 때에도 가라오케를 갔다고 합니다. 남녀직원들 모두 모여서 돌아가며 노래는 곧잘 하지만 춤추는 건 본 적이 없습니다.

그리고 나면 대충 오후 3시경 끝나게 되는데 일단 사무실로 들어가서 주섬주섬 챙기고 집으로. 아무리 술에 취해도 유치원에 가서 애들 데리고 가는 건 잊으면 안 되겠지요. 그러면 애들도 좀 일찍 집으로 갈 수 있으니까 회식 날은 애들한테도 즐거운 날이 될 거예요.

여기도 집들이가 있고 2차도 있으니 사람 사는 데는 어디든 비슷하지만, 밤만 되면 2차 3차 활개치는 사람들은 여기에서 살기엔 좀 힘들 거예요.

4일간의 수능시험

지난주는 베트남 대학 수능시험이 일제히 이루어졌습니다. 전체적으로 90만명 가까이 응시했다고 합니다. 우리와 똑같이 여기도 이 한 번의 시험이 인생을 좌우할 정도로 중요한 시험이 된다고 합니다.

여기는 수능시험이 하루가 아니라 4일에 걸쳐서 하루에 두 과목씩 치르게 됩니다. 과목은 국어, 수학, 영어가 필수, 사회과학과 자연과학 중 하나가 선택. 그리고 나머지 한 과목은 옵션으로 좋은 학교 가는 데 유리한 과목 추가. 자연과학도 전체가 아니라 물리 화학 생물 중 하나를 선택합니다. 사회과학도 지리와 역사, 사회생활 중 하나를 선택하는 방식입니다.

또 하나 다른 점은 이 시험이 고등학교 졸업고사를 겸하는 시험입니다. 일정 점수를 넘지 못하면 고교 졸업이 인정이 안 되는데 대략 27%

가 탈락하게 된다고 합니다. 시험에 떨어지면 대학이 아닌 기술학교나 전문학교는 갈 수 있다고 하네요. 과거에는 졸업고사와 수능시험이 분리되어 두 번 시험을 봤는데 2015년부터는 통합되었습니다.

대학 진학률이 너무 높아서 여기도 우리같이 나중에 청년 취업 문제가 될 듯하고요. 자연계보다 인문계 학생 수가 좀 더 많네요. 특히 경제학과가 너무 많은 것 같습니다. 여기도 의대와 법대에 몰리는 학생들이 우리와 비슷한 현상입니다.

시험장에는 대학과 고교에서 감독이 각 1명씩, 한 교실에 수험생 24명씩 널찍이 관리하네요. 첫날 전국에서 37명이 부정행위로 발각되어 탈락했다고 합니다. 더우니까 물은 가지고 하는데 물병에 있는 표지를 뜯는 모습들이 보이는데 여기도 경찰이 동원되기도 하고 부모들이 시험장 바깥에서 안타까이 기다리는 모습도 보입니다.

▼ 하노이의 대학생들

행운을 상징하는 빨간색 옷을 입고 있는 사람들도 있고 향을 계속 피우고 기도하면서 기다리는 사람들이 많이 보입니다. 여기도 미신을 믿는데 콩을 주로 많이 먹고˚찰밥도 붙이지 않고 먹는다고 하네요. 콩 '두' 라는 글자가 도달할 때 '도' 자와 발음이 같아서 성공을 의미한다네요. 엿을 붙이는 사람은 없지만 선배들이 플래카드를 들고 응원하는 모습도 있고, 기다리는 사람들 지루하지 말라고 신문을 사서 학부모들께 공짜로 배포하기도 합니다.

여기 교육제도는 초등학교는 5년, 중학교는 4년, 고교는 3년입니다. 가을에 시작하는 학기죠. 대학만이 아니라 고교도 하루에 모든 학생이 입시를 치러야 합니다. 고교는 좋은 학교, 수준 낮은 학교, 사립학교 등이 있어서 중학교부터 경쟁이 치열합니다. 그래서 여기도 과외가 성행하는데 우리와 달리 학교 선생님이 직접 과외를 하는 모양이에요. 학생들은 보통 일주일에 20시간 이상 과외 하러 다니고 비용도 많이 든다고 합니다.

여긴 시험을 여름에 치르니까 추위가 아니고 엄청난 더위가 올까 걱정될 겁니다. 우리와 제사, 음식만 같은 게 아니라 어쩜 과외와 수능시험까지 이리 똑같은지….

영어와 학구열

▮ 베트남은 9월에 학기가 시작됩니다. 학년이 9월 초에 시작해서 다음 해 5월 말에 끝나는 거지요. 학기가 시작하면 일주일을 거의 축제처럼 지내더라고요.

대학입시 제도는 7월 초에 약 1백만 명이 수능고사를 3~4일간에 걸쳐서 일제히 보고, 8월 초에 그 점수로 대학에 지원하고 거의 모든 학교가 9월 초에 동시에 학기를 시작합니다. 특이한 점은 대학 1학년 때 마르크스 철학을 필수로 들어야 합니다.

대략 전국에 217개 대학이 있다고 하며 전문학교 포함 436개. 우리나라와 비슷한 숫자네요. 약 70%가 대학에 진학한다니까 그것도 우리와 비슷합니다. 대학생은 총 230만 명 정도라고 하고 들어가긴 어려운데 나오는 것은 쉽다니까 우리랑 같죠.

졸업식 후
축제와 행사

학비는 대부분 학기당 10~15만원 수준. 그런데 일부 국제학부는 학

기당 300~400만원이나 하구요 호주계 학교인 'RMIT'는 800~900만

원이나 하니까 엄청난 차이가 있네요. 시골에서 오는 학생들 생활비를 따져보니까 집세, 교통/통신비, 책값, 그리고 용돈으로 월 20~30만원 정도가 들더군요.

여기도 점수별로 대학 순위가 거의 결정되어 있는데 우리와 다른 점은 단과 대학들이 많습니다. 국립경제대학, 국립공과대학(일명 빽화 대학), 국제무역대학 등이 탑 순위에 들어가고 하노이 대학은 탑 순위는 아니지만 언어, 사범대학이 유명하여 10위권에 듭니다.

여기는 우리보다 외국어가 더 중요한 역할을 합니다. 대부분이 영어 공부를 오래 하는데도, 그리고 영어와 비슷한 알파벳을 쓰는데도 발음이 달라서 그런지 영어를 잘 못합니다. 즉 문법이나 읽기는 귀신인데 말을 못 하는 거죠. 예전의 우리랑 똑같이.

언어는 초교 3학년부터 배우는데 영어, 불어, 일어, 러시아어, 중국어를 선택할 수 있고 대부분인 97% 이상이 영어를 배운다고 합니다. 역으로 말하자면 여기서 영어를 잘하면 그만큼 대우를 받는 거죠. 우리 조직도 보니까 직급이 올라갈수록 영어를 잘하더라고요.

초등학교부터 외국계 학교들이 많은데 비싸지만 인기가 많고요, 외국계로는 'UN International School'이 가장 유명하고 싱가포르 영국 호주계 학교가 많습니다.

여기 대학생들 무척 똑똑합니다. 영어를 기본적으로 잘하고 한국 드라마를 보면 말은 못하는데 90% 이해하고요. 노래도 "계곡 속에 흐르는 물을 따라"라는 가사를 다 이해할 정도이고, 최근에는 몇몇 대학생들과 「용팔이」라는 영화를 처음부터 같이 보기 시작했는데 '촌지'라는 말도 알고, 제가 모르는 최신 한국 노래도 잘하더라고요. 외모도 우리 아이돌이라고 하면 그냥 믿어야 할 정도입니다.

영어를 잘할수록 베트남 사람들이 좋아하니까 접근이 쉽다는 점, 그래서 여기 출장 오려면 영어 실력을 갈고닦아서 베트남 애들보다 영어를 잘해야 대우를 받을 수 있을 겁니다.

즉 영어는 베트남 진출 전략의 주요 포인트이기도 합니다.

대학의 필수과목: 칼 마르크스와 교련

■ 날씨가 좋을 때는 점심 후 이곳저곳 찾아다니며 걷고 있습니다. 4월 아니면 5월부터 시작될 폭염은 생각만 해도 끔찍하니까 아직은 걸을 수 있다는 자체가 아주 행복한 순간들입니다. 오늘도 가까운 곳으로 점심 후 산책하러 갔습니다.

물론 가는 길은 여전히 종합 장애물 경기입니다. 길에 늘어놓은 앉은뱅이 의자들을 피해야 하고 주차해 놓은 오토바이들 때문에 보도는 완전히 점령당했고, 가끔은 한껏 비누 거품을 내서 차에 호스로 물을 뿜는 세차장을 빙 돌아서 가기도 합니다. 어쩔 수 없이 차도를 빌려서 가야 하는데 갑자기 뒤에서 오는 역주행 오토바이에 놀라면서….

특히, 최근에 차량이 많이 늘어나서 길 건너기가 쉽지 않습니다. 여긴 아직도 도보 통행 건널목은 완전 참고사항이니까 있으나 마나 한 거고 신호등이 없으면 그냥 눈치 잘 보고 건너야 합니다. 지금은 많이 단련되어서 여유 있게 건너지만 말이죠.

처음으로 멀지 않은 하노이 대학교 안으로 진출해 봤습니다. 교정 안은 그래도 나무가 우거져 있고 학생들의 활기찬 걸음걸이가 보여요. 아무래도 교정은 거리보단 깨끗하고 걷기가 편하니까 훨씬 좋은 느낌이었죠.

그런데 웬걸, 저쪽 한구석에 한 무리의 군인들이 있는 게 보이더군요. 가까이 가보니까 남학생 여학생 모두 군복에 전투용 방탄모자로 무장하고 마침 사격 훈련시간인지 일부는 '엎드려 쏴' 자세로 표적을 겨누고 있었고 일부는 뒤에서 보조하는 모습이었습니다.

▲ 레닌동상

여긴 대학 1학년이면 필수적으로 마쳐야 하는 과목이 있습니다. 먼저 마르크스 철학을 필수적으로 들어야 하고 여름방학엔 한 달 동안 병영 훈련에 참가해야 합니다. 그것도 남녀 모두 예외 없이. 유대인들은 남자 2년 여자 1년의 의무 복무가 있던데 다른 나라들도 남녀 간 공평한 제도를 위해서 여러모로 신경 쓰는 모습입니다.

남자는 진학을 못 하거나 취직을 못 하면 군대에 가는데 3개월만 쉬면 사정없이 군대 영장이 나온다네요. 그것도 아르바이트나 임시직 비정규직은 인정되지 않고 일정 규모 이상 회사의 정규직만 되는 거죠. 만 28세까지. 귀가 안 들린다거나 척추가 이상하다든지 어디 아프다고 거짓으로 병역 면제받는 일은 최소한 없다는 겁니다.

베트남은 통일국가죠. 총성이 멈춘 지 오래되었고 우리처럼 남북한 대립도 더이상 없고 국경을 같이하는 중국, 라오스, 캄보디아와도 평화를 유지하고 있고 최근 남사군도 영유권으로 중국과 분쟁이 있을 뿐입니다.

우리가 처하고 있는 군사적인 위협을 여기에 비교하자면 천지 차이죠. 당장 휴전선을 두고 대치하고 있는 북한의 위협이 그렇고, 게다가 중국과 일본과의 영유권 분쟁.

우린 만기 제대하고 취직하면 불이익이 많잖아요. 남녀 간 군 복무 차이에서 오는 역차별도 작용하고 공무원이나 공기업은 호봉을 인정하기도 하지만 일부일 뿐이죠. 우리가 현재 처한 상황에서 병역의무는 너무나 당연하지만, 연금에 병역수당으로 일부라도 추가 지급해 주는 제도가 생기면 좋겠네요.

국민 모두에게 예외 없이 군사훈련을 시키는 이 나라에서 오히려 배워야 합니다. 당장 위협이 없어도 꾸준히 안보에 대비하는 자세와 모두에게 공평한 제도를.

활발한 여성활동

얼마 전 우리 신입 여직원이 새로 오토바이를 샀는데 가격이 150만원 가량이었습니다. 생활 수준에 비해서 생각보다 비싸다고 생각하고 있었는데 다른 여직원은 혼다 ABS 브레이크 150cc 오토바이를 600만원에 샀습니다. 새 오토바이 샀다고 직원들에게 점심까지 사면서….

월급으로 계산하면 도저히 나올 수 없는 금액들이 왔다 갔다 하는데 헷갈립니다. 아무튼, 일 년에 오토바이가 300만대 팔린다는데 혼다가 거의 석권하고 있고 우리나라는 오토바이를 여기서 단 한 대도 못 팔고 있는 현실입니다.

여긴 모든 여성이 직장을 다닙니다. 예전에 베트남의 영웅 호찌민이 "여성도 사회 활동을 해야 한다."고 천명한 바 있었다고 합니다. 과거 군가를 들면 '여자들아 모두 일어나서 같이 싸우자.' 그런 가사도 있다고 합니다. 지금은 전업주부란 아예 이해를 못 하고 젊은 여성들의 취업은 당연, 아니 거의 의무화 되어 있습니다. 남성은 60세 여성은 55세가 은퇴 나이인데 빨리 은퇴해서 집에서 쉬고 싶다는 것이 여기 여성들의 바람입니다.

대부분 직장도 애들 보호에는 관대하니까 좀 일찍 나가는 경우도 있고 탁아소 유아원들이 아주 잘 되어 있지만, 방학 때는 가끔 사무실에 데리고 오는 경우도 있어서 저에게도 꼬마 친구들이 많습니다. 게다가 영어 과외가 아주 보편화해서 길에서 외국인만 보면 영어로 말 붙이려 하고, 그 외에 피아노도 배우고 태권도도 배운다고 합니다. 사교육비는 보나 마나 엄청 들어갈 겁니다.

여긴 애들도 많고 임신한 여자들도 쉽게 볼 수 있습니다. 한 회사를 가 보게 되었는데 지금 당장 애로가 뭔지 물었더니 아주 의외의 답이 나옵니다. 여기는 법적으로 출산하면 6개월 휴가를 주게 되어 있는데, 출산 휴가를 간 사람이 너무 많아서 휴가기간을 대체하는 인력 확보가 커다란 골칫거리라는 거죠.

이 회사는 총 직원이 300명인데 그중에서 80%가 여자라고 합니다. 그중 매달 20여 명이 출산으로 일을 못 하게 되어 인력을 보충해야 하는 거죠. 우리는 나가라고 할까 봐 애를 못 낳는데 여긴 거꾸로 생각지도 못하는 걱정거리가 있는 겁니다.

▲ 아이는 가운데에

◀ 애인도 태우고

▲ 비가 오면 우비를

◀ 오토바이 패션

그래도 직장에서 회식할 때 보면 남자 여자들이 따로따로 앉습니다. 점심때 술을 많이 마시는데 여자들에겐 잘 권하지도 않고 집들이 때에도 다 먹으면 여자들을 도와서 치우기도 하고 남자들도 저녁에 약속하거나 술을 먹는 경우는 찾아보기 힘듭니다.

결혼하면 시댁에서 같이 사는 모습이 흔합니다. 역시나 여기도 고부갈등으로 남편 가족들 때문에 불평하는 경우를 많이 봅니다. 이혼도 흔하다고 하네요. 아직은 남자가 아내보다 서너 살 많은 경우가 보통이고 여성이 남편보다 나이 많은 경우는 흔치 않습니다.

베트남 여성들은 베트남 남자들이 이 세상에서 가장 행복한 남자라고 하네요. 같이 일하는데도 집에 오면 전혀 집안일 안 하고 여자만 시킨다나요? 부엌에 남자가 들어오면 시부모들이 불러서 혼낸다고도 하구요.

직장에서도 여자가 남자보다 많은 경우가 허다합니다. 제가 아는 중소기업 중에서 잘나가는 회사들을 보면 여성이 사장입니다. 직원들이 모여서 대화하는 모습을 보면 남녀 평등하다는 느낌을 받게 되는데 한국으로 시집가서 구박받는 여자들은 얼마나 문화 차이에 고생하고 있을까 생각이 드네요.

여성들은 대략 25세 전후면 거의 결혼합니다. 30세를 넘기는 경우는 아주 희귀한 경우죠. 여기서는 기독교인이거나 특이한 종교면 결혼이 좀 힘들지요. 35세가 넘은 여성은 이미 직장에서도 베테랑이고 보통은 자기가 늙었다고 생각하죠. 40세도 안 된 여성이 자기처럼 나이 들면 고개 숙이고 조용히 살아야 한다고 말할 정도입니다.

그래도 나이 들어가면서 미니스커트에 치장도 하면서 신경을 많이 쓰는 편인데 최근 아슬아슬한 노출을 방지하는 법안이 발효되었다고 합니다.

'미니스커트를 입고 오토바이를 타는 여성' 한 장면으로 베트남을 표현할 수 있을 것 같아요. '다소곳'이라는 단어와는 잘 어울리지는 않지만 말이죠. 젊으니 오토바이를 타도 길거리에 쭈그리고 앉아서 차를 마셔도 아름답지요.

▲ 신식 결혼식

동방 아닌 남방 예의지국

■ 선진국을 다녀본 사람들은 베트남에 오면 확연히 다른 태도를 보고 놀랄 겁니다. 택시를 타면 운전하는 애들이 짐을 들어주고 넣어주고 친절합니다. 팁도 안 받고요. 물론 가끔 시내에는 사기 치는 택시가 있어서 저도 10배나 낸 적이 있지만 그래 봐야 5천 원.

커피숍에서 지갑을 두고 나온 친구가 1시간 후에 찾으러 갔더니 테이프로 봉하고 잘 보관하다가 돌려주기도 하고, 여기 화폐 단위가 '동'인데 백만 동은 가볍게 나오니까 잘못 내는 경우가 많거든요. 저도 8만 동(4,000원)을 잘못 알고 100만 동을 냈더니 베트남 직원이 잘못 냈다고 알려주기도 하고 말이 안 통하면 내 지갑을 직원이 직접 열어서 해당 금액을 꺼내 가기도 합니다. 어느 집에서는 우산을 놓고 나왔더니 100m도 넘는 길을 따라와서 전해주기도 하고요.

또 여기는 어떤 길이든 건널 수 있다는 겁니다. 큰길이든 좁은 길이든 차보다 사람이 우선인 거죠. 다만 한 가지, 천천히 건너가야 합니다. 그러면 차도 오토바이도 다 피해가지요. 저도 그냥 눈 딱 감고 건너봤는데 오케이.

우리 집 앞에서 50번 버스를 타고 시내 구경을 갔더니 이건 레닌 동상, 국회의사당, 호찌민 묘소, 따이호등 관광지를 다 거쳐 가거든요.

문제는 타기만 하면 젊은 애들이 자리를 다 양보해 줍니다. 한국에선 제가 양보받은 기억이 없는데도 말이죠. 안 일어나면 남자 차장이 가서 일으켜 세우더라고요. 그리고 저보고 거기 앉으라고…. 그 이후부턴 미안해서 잘 못 타겠더라고요. 시내 갈 때는 사기 당할 염려가 있는 조그만 택시보단 낡은 버스가 낫다는 생각.

여긴 말이 안 통하는 게 문젠데, 그리고 안 통해도 이렇게 안 통할 수가 없는데…. 그래도 아직 때가 덜 묻어서 순진한 친구들이 많습니다. 한국 사람들에 대한 호의가 묻어나서 그렇기도 하지만.

여긴 호칭이 분명히 구별됩니다. 나이가 어리면 '에머이', 나이가 많은 여자는 '찌어이' 나이가 많은 남자는 '박어이' 더 많은 남자는 '옹어이'. 그래서 국민적 영웅 호찌민을 여기 사람들은 '박호'라고 부릅니다. 우리 말로 바꾸면 호 아저씨가 되겠지요. 저를 부르는 호칭도 꼬마들은 '옹 정어이', 직원들은 '박정' 또는 '박어이', 시내에서 누가 길을 물어볼 때는 '앙어이'라고 때에 따라 바뀌긴 하지만 확실히 존칭은 붙이는 거죠.

호안끼엠

하노이 호따이

달랏

이해가 안 되는 소득 수준

　　　　　　■ 제 사무실에는 5명이 같이 근무하고 있습니다. 모두 공무원이죠. 그런데 급여가 적게는 13만원, 많게는 20만원이라고 하네요. 국장급은 35만원, 장·차관 돼야 50만원 넘는 모양입니다.

　사기업으로 가면 25만원부터 30~40만원. 최근 삼성 베트남 법인이 50만원으로 우수한 인력들을 싹쓸이한다는 소문도 있고요.

　자기 월급으로는 용돈도 모자란다고 합니다. 그런데도 자리만 나면 경쟁률이 대단합니다. 심지어 몇 년 치 월급을 미리 내야만 공무원이 된다는 말도 있습니다. 학교 선생님이 되기 위해서도 몇 년 치 급여를 선납해야만 한다네요. 그것도 잘 아는 사람에 한해서 기회가 주어지고요.

　여기 공무원은 6단계입니다. 국장, 부국장, 과장, 부과장, 정식 공무원 그리고 계약직 공무원. 차관보도 없으니까 우리보다 직급이 많지 않지요. 계약직은 3년 단위로 계약하는데 별일이 없으면 평생이 보장됩니다. 운전기사가 계약직으로 은퇴하는 걸 봤으니까요. 계약직 공무원의 급여는 최저임금으로 계산됩니다. 그리고 나머지 모든 공무원은 최저임금에 공식을 적용해서 자동으로 정해집니다. 최고 직급과 최저 임금의 차이가 10배가 안 되도록 철저히 관리하는 것으로 보입니다.

여기도 공무원은 연금제도가 잘되어 있습니다. 남자는 60세, 여자는 55세 정년 후 평생 최종 급여의 70%가 연금으로 지급된다는 겁니다.

하여튼 당장 급여는 매우 적은데 베트남 공무원들에게 멋진 선물은 한국에 초청해서 왕복 비행기, 숙박비 그리고 선물 사라고 현금 좀 주면 최고일 겁니다. 우리 기업들이 통상 그러듯이 비행기 표만 대고 들어오면 나머진 다 해 주겠다고 제의하면 그건 베트남 사람들에게 감당이 안 되겠죠.

고위공무원들에게는 보통 6년 근 인삼이 최고, 아니면 영지버섯, 그것도 진짜로. 그거 가격 수준도 다 알더라고요. 웃기는 건 여기서 외제차에, 자녀 해외유학, 매년 해외여행에 그리고 고급빌라에 사는 사람들은 모두 월급이 얼마 안 되는 공무원들입니다.

여기서 행사나 미팅에 차관 정도 초청하고 싶으면 1,000불 정도 주면 가능하다네요. 그런데 가끔가다가 중요 행사에 장·차관이 온다고 하다가 안 온다는 경우가 있는데, 그건 돈 준다는 얘길 안 해서 그럴 거예요. 원하는 걸 몰랐던 거죠. 앞으로 베트남 사람들 만나시면 인삼이나 영지버섯 같은 고상한 선물이나 아니면 현금이 최고일 겁니다.

그래도 절대로 소득 수준으로 여기 사람들 얕보거나 자존심 건들면 큰일납니다. 싸구려 주면 책상 위에 놓고 1년 내내 내버려두는 경우가 생깁니다. 대부분 영리하고 부지런하고 눈치 빠릅니다.

◀ 하노이 아파트단지

▲ 하노이 아파트

▲ 하노이 신형 타운하우스

▲ 하노이 전형적인 주택

▲ 호숫가 베트남 전통 주택

행복한 국가 세계 2위

■ 여기 사람들도 우리랑 똑같이 칠월칠석을 믿고 있었는데 그날 정말 새벽에 비가 왔습니다. 이제 에어컨 켜지 않고도 잘 수 있을 정도로 아침저녁으론 선선하고요.

이번 주엔 두 가지 재미있는 기사가 있어서 소개합니다. 하나는 영국 [이코노미스트]에서 발표한 '살기 좋은 도시 순서', 또 다른 하나는 미국 [글로벌 파이낸스 매거진(Global Finance Magazine)]에서 발표한 '국가별 행복지수'.

한국은 여기나 거기나 60위 정도로 비슷했는데 베트남은 극에서 극입니다. 특히 국가별 행복 지수에서는 코스타리카 다음으로 2등을 차지한 겁니다. 10위권 국가는 모두 중남미 국가였는데, 유일하게 아시아국가가 10위권 내 2등으로 들어갔습니다.

동료 중 한 분이 코스타리카로 가셨고 종종 소식을 듣고 있는데 정말로 사람들이 행복하구나 하는 느낌을 받는 글을 많이 쓰시더라고요. 그 글에 보면

차보다 사람이 앞서는 나라
산업발전보다 문화가 중요하다고 생각하는 나라
인간관계와 순수한 삶- 뿌라 비다를 우선시하는 나라
눈이 마주치면 누구나 인사하는 나라
직업과 직급과 관계없이 모두 친구가 되는 나라
근엄하다거나 호통친다거나 이런 일 상상할 수 없는 나라

그래서 1등이 당연하다고 이해가 갑니다.

▲ 평화로운 시내 호숫가

저도 여기 베트남에 대해서 사람들이 물어보면 이렇게 대답을 하곤 합니다. "환경이나 인프라는 우리보다 30~40년 뒤졌을지는 모르지만 친절하고 다정한 사람들이 넘치는 나라고, 우리보다 국민 소득은 조금 낮을지 모르지만 굶거나 생활고에 자살하는 사람들 없다."라고요. 살인이나 강도 등 거의 없고 성추행이나 성폭력 이런 거 아예 교육이 필요 없습니다. 여기 사람들에게는….

대로에서 누구든지 그냥 걸어서 건너갑니다. 교통에 방해를 받아도 누구 하나 욕지거리하거나 빵빵거리지 않고 피해 다닙니다. 여긴 최하층은 버스를 타고 다니고 중산층은 모두 오토바이. 한 달 유지비가 4만 원쯤 한다네요. 상류층은 최고급 차들.

중산층도 나름 재밌는 문화가 많습니다. 미용실에 가면 1,500원 정도면 머리를 감아주고 머리 마사지까지 해주니까 대부분 여성은 집에서 머릴 감지 않는다고 봐야죠. 발을 씻겨주는 서비스도 2,000원 전후.

자기네는 평화로운 나라라고 강조하는 걸 보면 그게 행복의 시발점인 것 같아요. 행복지수 순위에서 일본은 45위, 한국은 60위 정도, 태국은 20위 정도. 좁은 나라에서 복작대며 사는 싱가포르, 홍콩은 90위 밑으로 떨어지니까 발표된 순위가 일면 수긍은 갑니다.

우리 대한민국이 원조하고 있는 베트남이나 코스타리카. 과연 우리가 정말 이 나라들 도울 처지에 있기는 하는 것인가? 돈과 행복은 혹시 반비례하는 게 아닐까?

행복한 대한민국을 위해 우리가 정말 심각하게 생각해 봐야 하는 대목인 것 같네요.

춤추는 과일 장수

▲ 과일 파는 아줌마

오늘 아침 출근길에는 과일 파는 아줌마 3명 이 길거리에서 신나게 춤을 추고 있더라고요. 저를 보더니 조금 쑥스러 운 듯하더니만 그냥 다시 웃으면서 계속 엉덩이를 흔들고요. 큰소리로 웃기도 하고 엄지를 치켜세우기도 하면서…. 택시를 타려다가 그냥 한 참을 재밌게 넋 놓고 바라보았습니다.

우리 사무실에 출근하는 여직원은 아이가 둘인데, 새벽에 일찍 일어 나서 동네 재래시장에서 장을 보고, 준비한 아침을 다 먹이고 애들 집 근처 유치원에 보내고 나서 출근한다고 합니다. 퇴근하면서 다시 애들 오토바이에 태워서 데리고 집으로 가겠지요.

아침에 일어나서 바람 쐬러 바깥에 잠시 나가보면 언제나 삿갓 모자를 쓴 청소부가 벌써 길거리를 쓸고 있습니다. 삿갓 모자는 청소부나 정원의 풀을 뜯는 여자들, 아니면 관광객들만 쓰더라고요. 아, 그 과일 파는 아줌마들도 쓰고 있네요.

그러고 보니까 여기는 다른 데와 비교해서 서민들 살기는 더 좋은 것 같아요. 여긴 버스를 타고 얼마든지 시내로 나갈 수 있을 정도로 비교적 대중교통이 잘 되어 있습니다. 외국 사람들도 많이들 이용하는 편입니다.

택시도 다양하게 많습니다. 조그만 차부터 7인승까지, 물론 안전한 편이고요. 어떤 나라에서는 택시를 타면, 특히 야간에는 심지어 저도 겁이 날 지경이었습니다. 피치 못해 타야 할 때는 택시번호를 지인에게 알려주곤 했던 기억이 납니다. 여긴 다소 돌아가거나 사기 치는 사람들이 전혀 없지는 않지만 아직은 안전한 편입니다. 그래도 우리 여직원은 택시에서 남편한테 택시 번호를 알려주네요.

다만, 아직 지하철이나 전철이 없어서 불편합니다. 지금 2개 노선을 건설 중인데 그중 하나는 한국 건설회사가 공사 중이고 하노이 인구 1,000만에 비하면 10개 이상의 노선이 당장 진행돼야 하는데. 온 지하에 물이 많아서 지상으로만 건설해야 한다는데 맞는 말인지는 모르겠네요.

요즘 하루가 다르게 시내의 차량 대수가 늘어나 놀라고 있습니다. 우리 사무실 앞 길가는 일 년 전에는 1대도 없었는데 지금은 20대 이상이 주차하고 있습니다. 물론 오토바이가 훨씬 많아서 대충 세어보니까 500대가량이네요. 자전거를 합쳐서요. 오토바이는 하루 주차비가 3,000동(150원) 정도 합니다. 여기 빨리 와서 주차장 사업하면 괜찮을 거예요.

퇴근길 집 근처에는 언제든지 옥수수를 삶아 팔거나 군고구마 파는 사람도 있고, 과일 파는 길거리 행상 아줌마들이 펼쳐놓은 망고니 바나나니 열대 과일들이 기다립니다. 한국말도 곧잘 해서 바나나 한 다발 3만 동(1,500원)이라고 싸다고 얘기하곤 합니다.

그래도 이 사람들은 생활 속의 삶을 즐길 줄 아는 것 같습니다. 생활에 찌들거나, 권력의 횡포나 폭력, 사기나 아부가 횡행하는 사회는 아닌가 봅니다. 베트남은 코스타리카에 이어 행복한 국가 2위에 올랐다고 소개했는데 왜 그런지 오늘 아침 과일 파는 아줌마를 보고 알 것 같았습니다.

서민들의
모습

▼ 서민 아파트

다양한 과일 체험

■ 베트남, 아니 하노이는 과일 천국입니다. 종류가 너무 많아서 저도 아직 다 섭렵하지 못한 것 같아요. 오늘은 다들 많이 아시는 그런 과일은 놔두고 보시지 못한 것 같은 과일들만 소개해 보겠습니다.

먼저 망고, 두리안, 구아바, 파파야, 그런 것들은 많이 아시겠지만 여기서는 망고를 익기 전에 파란색 망고를 오이처럼 길쭉하게 잘라서 먹는다는 거. 파인애플은 고기를 저밀 때 사용한다는 거 참고하시고요. 여기 사람들은 꼭 과일을 밀어서 깎습니다.

먼저 '미트'라는 과일이 있습니다. 진노란 색의 약간 크고 타원형으로 생겼는데 너무 커서 어떤 거는 17kg이나 나가는 게 있습니다. 나무가 그걸 지탱하는 게 이상할 정도죠. 안에는 차돌만한 씨가 수십 개에 주위에 붙은 걸 뜯어 먹게 되어 있는데 맛은 두리안 말려 놓은 거랑 비슷

합니다. 손에는 안 묻으니까 먹기도
편해요.

또 '부-쓰아'라는 밀크프룻이 있습
니다. 초록색의 사과보다 작은 말랑
말랑한과일이에요. 예전에 전 썩은
건 줄 알고 버린 적이 있었는데, 이건
과일의 적도를 따라 칼을 대서 쭉 돌
리면 북반구와 남반구로 쫙 갈립니
다. 차돌만한 씨는 북반구에 붙어있
고요. 씨를 떼어내고 찻숟가락으로

▲ 나무에 매달린 미트

퍼먹으면 맛은 우유 맛, 밀크셰이크 그 자체입니다.

다음은 '꼬-다우'라는, 사실은 나무뿌리니까 채소인데 다들 과일처럼
먹어요. 사과만한 게 연한 갈색에 동그랗게 생겼죠. 이건 깎으면 완전
무입니다. 우리 무맛은 가끔 매콤한 게 있는데 이건 그만큼 달콤한 게
있어요. 달아서 과일 잘 못 먹는 사람들에게 딱 좋은, 과일이 아닌 채
소입니다.

'탕롱'이란 건 아시나요? 이건 드래곤후르츠인데 그 나뭇가지가 용처
럼 출렁출렁 생겼다고 해서 드래곤후르츠입니다. 열매는 마치 우리 태
극기 다는 깃봉처럼 생겼어요. 분홍빛에 듬성듬성 초록빛 문양도 새겨
있고요. 깎으면 흰색 아닌 회색 바탕에 검정 점박이 무늬를 새겨놓은

모습인데 맛은 뭔지 모르겠어요.

　그리곤 '꽈–조이'라는 게 있습니다. 이건 사과보다 작은 게 진한 붉은빛에다가 커다란 대추 같기도 한데, 영어로 찾아보니까 '로즈애플'이라고 하네요. 한국 이름은 못 찾겠고요. 깎아 먹으면 사각사각한 게 상큼한 맛이라고 봐야죠.

　여긴 '즈얼래'라고 참외, 좀 작은 참외도 있고 귤도 있고, 바나나도 종류가 다양합니다. 우리나라에는 있고 여기 없는 과일은 배라고 봐야겠네요. 사과도 수입해서인지 아주 비쌉니다.

　하여튼, 우리보단 몇 배 종류가 많고 생전 듣지도 보지도 못한 열매들이 주렁주렁합니다. 바나나 한 다발에 천원이면 싼 거죠? 여기 베트남에 가시면 꼭 과일 체험을 해보시기 바랍니다.

아시아에서 가장 안전한 국가

   ▌ 베트남은 [인터내셔널 SOS]에서 작성한 '2017년도 여행지도'라는 글에서 싱가포르와 함께 아시아에서 가장 안전한 국가로 선정되었다고 합니다.

   최근 베트남엔 관광객이 급증하고 있습니다. 지난주에는 영국의 윌리엄 왕자도 다녀갔다고 하고, 아시아 10대 관광지로 다낭이 선정되었다

마을 풍경

고 신문에 나기도 하고, 다낭의 바나힐스 골프장은 세계 Best 골프장으로 상도 받았다고 합니다.

오히려 관광객들로 자연이 훼손될까 봐 염려하는 기사들도 많이 나옵니다. 또 여러 항공사 취항이 많이 늘어나는데 바닐라 에어, 녹 에어, 말린다 에어, 앙코르 에어 등 생소한 것들도 있네요. 시내는 세계 각국의 관광객들로 가득합니다.

우리와 다른 점은 우리 시내에는 대부분 중국 사람들이 화장품 사러 몰려다니는데 여긴 중국인들이 많지 않아요. 싫어하는 걸 아는지, 아니면 살 게 없어서인지. 팔건 별로 없지만 그래도 보여줄 건 좀 많은 모양이에요. 시내엔 오바마 분짜 식당, 이미 유명하고요, 그리고 쪼그려 앉아 먹는 다양한 음식들. 나무 밑에 거울만 달랑 걸어놓은 거리 이발소, 그리고 길거리 목욕탕 의자에 둘러앉아 즐기는 차, 아무것도 아니지만 이런 것들을 즐기러 오는 것 같아요.

하기야 길고 긴 해변. 하롱베이부터 다낭, 나짱 그리고 붕따우까지. 맨 위에는 인도차이나에서 가장 높다는 판시판과 사파에서부터 세계에서 제일 길고 크다는 퐁냐께방 동굴을 비롯한 수많은 석회암 동굴들. 곳곳에 남아있는 전쟁의 상처이기도 한 땅굴까지 자연 관광지들은 차고 넘치네요. 언젠가 한번 주~욱 둘러보시길 권합니다.

지금 베트남 교통 사정은 협궤 단선 기차로 시속 평균 60km. 고속도

시골 풍경

로는 하노이, 호찌민 부근만 완성되어 차량으로 종주는 아예 불가능하지만 고속도로와 렌터카만 생긴다면, 그리고 시속 120km의 기차만 자주 운행된다면 여긴 아마도 세계적 관광지로 급부상할 겁니다. 물론 도중에 리조트와 휴양지들도 더 많이 생겨야 하겠네요.

게다가 싱가포르와 함께 가장 안전한 국가라고 하니까 말이죠. 지금은 촌에서 중국인들이 베트남 여자들을 가끔 잡아가는 인신매매가 가장 위험하고, 도로가 2차선이라서 추월할 때마다 살 떨리는 일들이 있긴 하지만 그 외 소매치기, 강도 그런 일들이 적은 편입니다. 안전 수준이 싱가포르 정도라면 이해가 되겠죠?

참. 얼마 전 가라오케에서 화재로 사람들이 많이 죽었네요. 베트남 전형적인 건물 구조상 1층에 불이 나면 위층에선 피하기가 어려우니까 참고하시고요.

겨울엔 여기 하노이가 한국에서 방문하기에 안성맞춤입니다. 여기도 겨울이긴 하지만 기온이 10도에서 20도 사이니까 우리로선 활개치고 나다닐 정도입니다. 물론 남쪽 호찌민은 열대기후로 항상 땡볕이기도 하고 거긴 지카도 있다고 하네요.

이번에 우리가 보여준 광화문 백만 촛불 시위, 평화롭고 깨끗한 시위, 정말 자랑스러웠지요. 여기는 시위를 엄두도 못내는 나라죠. 그런데 최근 환경부 앞에서 플래카드 들고 시위하는 사람들이 좀 보이긴 하더라고요.

너무 순진해서 걱정이에요

　　　　　▍전 여기서 거의 3년 근무하면서 한 가지 확실히 행복했던 게 하나 있었습니다. 제 사무실의 동료들이 너무 어려서 저와의 나이 차이가 평균 30년쯤 될 겁니다. 저를 찾아오는 대학생들도 많은데 학생들과는 거의 40년 차이, 다행히 그 이상은 없었지만.

　여기 베트남은 평균 연령이 너무 낮아서 30세가 안 될 것 같아요. 한국에서는 젊은 애들이 나이 많은 사람들한테 대꾸해 주지도 않는 걸 생각하면 행복인 거죠.

　같이 여행을 가면 뜻밖에 많은 애들이 차멀미를 합니다. 한국에도 아직 멀미하는 아이들이 있나요? 아주 어린 애들도 아니고 그래도 모두 20대 중반 이상인데도 말이죠.

　승용차를 같이 탈 때면 애네들은 사정없이 창가에 앉습니다. 평소 유교적인 사상으로 나이 많은 사람에게 철저히 양보하지만, 이 경우는 예외입니다.

지난번 말레이시아에서 발생한 김정남 살해 사건 범인 중 한 명이 베트남 여자였지요? 고향이 하노이에서 멀지 않은 남딩이라고 하던데 우리 사무실에도 그 지방 출신이 있습니다. 정작 본인은 몰래 카메라인 줄 알았다고 진술했다고 들었는데 저는 그 말이 사실일 거라고 믿습니다.

아직도 가끔 CNN 뉴스를 보면 베트남 산악지역 시골에서는 중국 사람들이 와서 좋은 것 취직시켜준다고 꾀어서 데리고 가는 경우가 허다합니다. 그리곤 중국의 결혼 못 한 나이 많은 사람들에게 팔아먹는 인신매매가 횡행하고 있답니다. 백두대간 같은 산등성이 길을 통해 걸어서 중국으로 이동하더라고요.

일류대학 경제학도 학생도, 한 달 전 만난 중국 사업가가 자기를 채용하겠다고 하면서, 같이 동남아를 맘대로 돌아다니자고 해서 맘에 든다면서 같이 일하고 싶다고 하네요. 전 김정남 살해 동영상 유튜브와 신문기사를 찾아서 보여주었죠.

근처에 있는 조그만 무역회사 직원이 선적서류를 가지고 저를 찾아온 적이 있습니다. Seamless Pipe를 한국에서 수입하는데, 서류 중에 우리 상공회의소에서 발급한 원산지 증명서가 사실인지 아닌지를 묻는 겁니다. 공장에서 발급한 검사증명서는 없고 수출업자가 자체 발행한 제품증명서만 있고, 원래는 중국산인데 한국과의 FTA를 써먹고 관세혜택을 받으려고 한국산으로 둔갑시킨 경우였습니다.

최근 한국 사람들이 여기 물밀듯 몰려오는 추세인데 이제 베트남에 20만 명이라나요? 한국에 무슨 일이 있느냐고 묻기도 합니다. 우리 집 주변은 전부 한국 가게들과 한국 사람들로 가득 찼습니다. 이상하게도 여기 한국식당 가격은 서울보다, 뉴욕보다도 비쌉니다.

여기서의 사업 환경은 한국과 비교하면 대부분 같지만 한 가지 꼭 유념하셔야 합니다. 부동산이 소유가 아니라 사용권 개념이라는 점입니다. 과거 한국처럼 사업이 잘 안 돼도 땅값이 올라가서 만회하는 경우는 없는 거죠. 대부분 토지 비용은 1개월 치 월세를 50년간 미리 낸다고 생각하면 대충 맞습니다. 50년 후에는 다시 돈을 내고 연장하거나 반납하는 거지요. 물론 아파트 구매의 경우에도 마찬가지입니다.

여기 베트남 사람들. 아직은 세상 물정 모르고, 순진하기도 하고 바보 같기도 한데 밀려 들어오는 한국 사람들과 어깨를 부딪치면서 살아가면 무슨 일이 생길지…,
아직은 한국에 대한 호감이 물씬 풍겨 나오는 분위기가 좀 더 지속해서 발전해야 하는데 말이죠.

▲ 장례식 장면

결혼식
이모저모

세계 2위 커피 생산국

▌여기도 시내에 커피숍이 하루가 다르게 늘고 있습니다. 건물마다 멋진 커피숍들이 들어서고 있고 가는 곳마다 사람들도 많고요. 그래도 아직 별다방 콩다방은 별로 눈에 띌 정도로 많지는 않고 나름의 로컬 브랜드가 많습니다. 실내장식은 평균적으로 우리보다 잘 돼 있다고 생각되네요.

가장 많은 커피숍 브랜드는 '하이랜드', 그리고 '쭝웬', '브이프레소', '지마' 등등이 있어요. 한국 사람에게 잘 알려진 콩다방은 시내 일부에만 있어서 많은 편은 아닙니다. 콩카페의 '콩'은 공산당의 '공'자와 한자가 같은데 더하기라는 뜻이 있는지 아셨나요?

길가 커피숍

콩카페

달랏 커피농장

로컬 커피숍

하지만 진짜 많은 건 로컬 카페, 즉 목욕탕 의자 같은 나지막한 의자에 앉아 먹는 커피숍. 주로 길가에 플라스틱이나 나무 의자들을 펼쳐 놓은 길거리 다방인 셈이죠.

거기선 아메리카노, 카푸치노, 카페라테 같은 건 없습니다. 블랙커피 아니면 우유를 넣은 화이트 커피 두 가지가 있는데 그냥 시키면 보통 차가운 커피로 나옵니다. 그래서 뜨거운 커피를 원하시면 반드시 미리 얘기해야 합니다.

블랙커피, 그리고 화이트 커피도 여기선 아주 진한 편입니다. 말하자면 익스프레스 같은 게 블랙이고 거기 연유를 넣은 게 화이트입니다. 그래서 저도 그냥은 못 마실 정도입니다. 화이트를 시키고 별도로 뜨거운 물 한 컵에 타서 마시고 있습니다. 이런 커피를 쪼그리고 앉아 먹어도 중독성이 있는지 계속 찾게 되긴 합니다.

하여튼 'G7'이라는 커피가 한국 사람들에게 유행해서인지 마트에서 가끔 카트 가득 'G7'을 싹쓸이하는 한국 사람들 많이 보입니다. 그 'G7 블랙'도 진해서 저는 조그만 봉지임에도 불구하고 두 번에 나누어 마실 정도입니다.

그렇게 진해서인지 여기 현지사람들은 아직 커피를 잘 안 마십니다. 한 잔만 마셔도 잠을 못 잔다고 그러죠. 체구가 좀 작으니까 상대적으로 더 세기도 할 거고, 아직은 커피 대신에 '차' 또는 '쩨'라고 코코넛과 달걀로 만든 디저트를 더 좋아하죠. 하기야 그 외에도 풍부한 과일 주스로 메뉴가 많으니까 커피만 찾을 이유는 없기도 하고요.

잘 아시다시피 베트남은 쌀 주요 생산국입니다. 인도, 태국에 이어 세계 3위 생산국으로 연간 약 500만 톤을 생산하며 중국과 필리핀이 주요 수입국입니다. 그런데 커피는 베트남이 세계 2위 생산국입니다. 1위인 브라질에 이어서 연간 약 180만 톤 생산이라고 하네요. 그중 90% 이상을 수출한다고 하고 독일, 미국, 이탈리아, 스페인이 주요 수입국입니다. 금액으로 따지면 연간 약 33억불 수출입니다.

한국도 커피 수입이 대단히 많은 편인데 물량으로 보면 한국 총 수요가 베트남 총 생산량의 5% 정도 되는데, 남미에서의 수입이 많고 일본, 중국보다는 적게 수입하는 편입니다. 한국에서의 연간 총수입이 10만 톤이 채 안 되는데 그중 25% 정도만 베트남에서 수입하고 있습니다.

▲ 전통카페

한국과 베트남 간 무역 역조는 점점 심해지고 있어 지금은 거의 3배에 달할 지경입니다. 다른 거 못 사면 베트남에서 커피라도 많이 사와야 할 것 같은데. 커피 외에도 말린 과일, 쌀국수 등 식품류, 수공예품, 목제품 등으로 많은 베트남 업체들이 한국 진출을 원하고 한국 판매처를 애타게 기다리고 있는데….

무엇이든 조금씩 작아요

더운 지방에선 강렬한 햇볕에 주눅이 들고 쪼그라들어서 뭐든 작아지는 것 같아요. 예전 인도 데칸 고원에 사는 사람들 보니까 정말 새까맣게 그을려서 작더라고요. 반대로 북구, 해가 잘 안 드는 지역에 사는 사람들은 체구가 흰 곰 만큼 커지는 건가 봐요.

여기는 쌀이며 콩과 팥, 그리고 밤도 작고요. 땅콩도 우리 것보다 10%는 작은 것 같아요. 또 감도 있는데 10% 정도 작아요. 여기 오렌지는 이름이 '깜'인데 그것도 우리 감하고 크기가 같아서 먹기 좋더라고요.

여기 사람들도 고추와 마늘을 잘 먹는데 작은 고추는 농축된 매운맛으로 아주 맵습니다. '작은 고추가 맵다'는 말은 바로 여기 고추를 두고 하는 말일 거예요. 레몬즙에 빨간 고추 몇 개 썰어 얹어 놓으면 기본적인 매콤한 소스가 되지요. 즙을 짜고 남은 레몬으로 나무젓가락의 소독용으로도 쓰고요. 레몬도 방울토마토 크기만 하니까 아주 작은 편이죠.

또 여긴 모기도, 파리도, 개미도, 그리고 돼지도 작아요. 참새도 작고 귀엽습니다. 모기하고 파리는 왠지 잡기가 좀 쉬운 편이에요.

또 돼지가 50kg 정도로 작아 새끼 돼지로 착각하지만, 하여튼 맛이 좋다는 평입니다. 여기는 소가 물소 같은 게 많아서 쇠고기는 맛도 질기고 별로예요. 그런데 돼지고기는 작아서 그런지 아주 싱싱하고 좋은 편입니다. 쇠고기를 'Bo(버)', 돼지고기를 'Cha(짜)'라고 하는데 '분짜'는 '퍼'보다 유명한 음식이에요.

그러고 보니 사람들도 우리보다 조금 작은 것 같습니다. 제가 키가 작은 편인데 여기서는 큰 편에 속해요. 옷가게에서 옷을 사려면 한국에서는 중인데 여기서는 대 아니면 특대를 사야 합니다. 최근엔 여기도 음식을 잘 먹기 시작하니까 애들은 커지고 있습니다. 요즘에는 하노이 사람들과 한국 사람들 구별하기 힘들어지고 있어요.

자연적인 거 외에 인공적인 것도 작습니다. 대표적인 게 연탄인데요. 우리 연탄의 80% 정도 크기? 그런데 구멍 수는 똑같습니다. 라면도 귀여울 정도로 작고요. 그런데 여기서도 반으로 뚝 잘라 찌개에 넣습니다. 우리처럼요. 베트남 음식 대표선수인 쌀국수 퍼도 한 그릇 먹으면 배고파요. 곱빼기란 단어가 필요할 때입니다.

처음 베트남에 왔을 때 식판이 작아서 놀랐었어요. 생긴 거는 똑같은 데 크기만 작은 겁니다. 밥을 먹고 나면 이쑤시개가 있는데 그건 작은 게 아니고 얇아요. 정말 얇습니다. 우리 이쑤시개를 4조각으로 세로로 쪼갠 거 같은 정도로 얇아요. 그냥 팔에다 대고 톡톡 치면 들어갈 것 같아요. 여기도 침도 놓고 그런다네요.

그런데 간혹 큰 거도 있습니다. 먼저, 바퀴벌레가 너무 큽니다. 날개 도 확연해서 처음엔 매미인 줄 착각했을 정도입니다. 그리고 쥐도 커요. 영어로 마우스가 아니고 랫 이라고 하면 비슷할 것 같습니다. 하여튼, 이놈들 여기가 곡창지대라서 큰 건지, 숨어만 다니고 햇볕을 피해서 큰 건진 아리송하네요.

그리고 더운 지방이라서 그런지 천장이 높습니다. 전구를 바꾸려면 책상에 의자를 올려놓아도 손이 안 닿습니다. 꼭 사람 불러야 해요. 그 래서 남는 공간의 반 정도를 다락으로 만들면 2층으로 사용 가능한 경우가 많습니다. 같은 평수의 아파트라도 입체 공간으로 치면 여기가 더 클 텐데 그런 계산법은 없나 보네요.

하지만 무엇보다 작은 건 아마 사람들의 욕심일 겁니다. 그래서 베트남이 행복한 나라 상위권에 항상 올라가는 거겠지요?

동전이 없어요

▌ 베트남엔 동전이 없습니다. 제가 다녀본 여러 나라 중에서 동전 없는 나라는 처음인 것 같아요. 물론 장단점이 있겠지만, 동전 여러 개 모이면 무거워지는 일은 없고 동전 지갑도 아예 필요 없겠지요.

여기 화폐 단위는 '동'이라고 하는데 화폐는 제일 적은 단위가 200동(우리 돈 10원), 500동(25원), 1,000동(50원), 2,000동(100원), 5,000동(250원), 그리고 1만 동(500원), 2만 동(1,000원), 5만 동(2,500원), 10만 동(5,000원), 20만 동(1만 원), 50만 동(2만 5천 원)입니다. 총 11가지인데 200동 500동은 거의 쓰이지 않으니까 실제 쓰이는 건 9종이라고 보면 됩니다.

베트남, 그중 하노이는 집세를 6개월분을 한꺼번에 내는 특징이 있습니다. 미국 달러를 선호하지만 베트남 동도 문제가 없는데, 예를 들어

월 100만 원 집세를 6개월 치 한꺼번에 낸다고 가정해 보면 600만 원. 이 돈이 베트남 돈으로는 약 1억 2천만 동이 됩니다. 엄청나죠? 여긴 모두가 억대 부자? 50만 동짜리로 몇 장이냐면 240장. 두툼하게 묶음으로 지급하게 됩니다.

여기 물가는 대충 이렇습니다. 버스비가 한번에 7,000동(350원), 한 달 정기권이 20만 동(1만원) 택시 기본요금이 회사마다 다른데 6,000~12,000동(300원~600원)사이.

커피가 2만 동(1,000원)에서 좋은 데는 6만 동(3,000원), 점심은 구내 식당이 3만 동(1,500원), 밖에서 쌀국수 퍼나 분짜 등이 4만 동 (2,000원) 수준.

오토바이가 2,500만 동이라고 하니까 125만원가량 되는 거죠? 물론 비싼 거는 1억 동이 넘어가니까 500만원이 넘어가기도 합니다. 한 달 오토바이 운영비가 1백만 동(5만원 정도). 엄청 달리나 봐요. 기름은 싸니까요.

유치원비가 1달에 1백만 동(5만원), 사립은 3백만 동(15만원), 중고교는 돈이 거의 필요 없지만 대학은 학기당 200~400만 동(10만원 ~20만원)입니다.

직원들은 월급이 얼마 되지도 않는데 거의 자기 집을 갖고 있더라고요. 베트남식 좁고 삐쭉한 빌딩 4~5층 정도. 그런데 총비용이 토지 포함, 지역에 따라 5~10억 원 나간다고 합니다.

아파트는 제가 사는 아파트가 2억원 정도라고 하니까 주거는 비싼 편이고요. 물론 차량도 세금 때문에 비싸지요.

그런데 지난번 Kenny G가 와서 공연하는데 일인당 15만원까지 받네요. 제일 싼 게 3만원. 영화를 보면 6만 동(3,000원)정도에요. 관광객이 많이 찾는 호안끼엠 길거리 맥줏집에서 맥주 한잔이 3만 동(1,500원), 슈퍼에 가서 잔뜩 사도 100만 동(5만원)이 넘지는 않는 것 같아요. 그런데 만약 한국 음식점에 가면 갈비탕이 25만 동(12,500원)이니까 아주 비싸죠.

열심히 써 놓고 보니까 싸다는 건지 비싸다는 건지 저도 잘 모르겠네요. 여긴 동전도 없지만, 특히 하노이는 범죄가 거의 없어요. 공산당이라서 그런지. 그것만이 아니라 3포인지 7포인지, 청년들 그런 포기도 없고 자살도 없네요.

꽃을 좋아하는 사람들

■ 여긴 더위만 가시면 바로 찾아오는 뿌연 하늘과 공해때문에, 한국의 높고 푸른 가을 하늘은 신의 선물이라고 해도 과언이 아닐 겁니다.

여기 사람들은 꽃을 무척 좋아합니다. 새벽시장에서도 가장 많이 파는 상품은 단연 꽃. 그리고 과일과 채소입니다. 시골에 가도 이상할 정도로 꽃가게가 많습니다. 꽃도 과일처럼 우리나라보다 다양하고 많은 모양입니다.

여기도 제사가 많은데 음력으로 매달 1일과 15일로 정해놓고 지낸답니다. 그리고 제사는 이미 차려진 고정된 제사상을 이용합니다. 그래서 거의 모든 음식점, 회사, 건물에 들어가면 한구석에 제사상이 붙어있지요. 여기저기 부적도 보이고요. 기독교 신자들은 몸도 눈도 둘 데가 없습니다.

게다가 제사 지낼 때 우리처럼 음식을 올려놓는 게 아니고, 꽃을 한 송이 올려놓고 서서 절을 하는 게 풍습입니다. 간단하지요. 절도 우리 드라마에 나오듯이 냉수 떠놓고 서서 '비나이다~.' 하고요. 아 쵸코파이도 많이 올라갑니다.

꽃이 많은 만큼 아이들도 많아요. 무슨 상관관계가 있나 봐요. 베트남 전체 인구의 평균 나이가 30이 안된다니까 짐작하실 겁니다. 우린 드라마에 꽃보다 뭐 그런 거 많잖아요. 한반도 북쪽에선 '꽃보다 핵'이겠구요. 여기선 굳이 얘기하자면 꽃보다 아이들.

그래서인지 여기서는 저녁에 하는 회식이 거의 없습니다. 항상 점심 때 회식을 하곤 일찍 들어가지요. 저녁은 가족과 함께 보내야 해서 곤란하다는 겁니다. 한국 사람들 여기서 적응하기 가장 어려운 대목이 될 겁니다.

다른 각도에서 보면 여기 날씨와도 관계있을 것 같습니다. 여름에는 덥고 겨울에는 뿌얘서 밖에 나갈 수가 없으니…. 우리처럼 밖에 있는 아름다운 꽃들을 그냥 두고 즐기지 못하고 꺾어서 집에 둬야 할 수도 있겠네요. 또 실내 생활이 많으니까 아이들도 많아질 거고요.

꽃을 좋아하면 당연히 따라오는 게 춤! 대학 신입생 환영회는 팀별로 나누어 춤 경연대회를 한답니다. 우리나라와 달리 술은 한 방울도 없습니다. 신고식도 없고요. 요즘 우리 집 앞에 밤마다 그룹댄스 연습하는

여학생들이 곧잘 보이더라고요. 술이 없는 사회라서 여자들의 활동이
더 쉬울 거 같군요.

꽃과 춤, 아이들, 그리고 여자들. 베트남을 대표하는 단어라고 생각
합니다. 마침 오늘 아침 출근길에 꽃을 한 다발 싣고, 오토바이 타고
가는 여자가 있었는데…. 신호등에 걸리면 양다리를 한껏 길게 뻗어 지
탱하고 있어야 하더라고요. 몇 년 후면 베트남 여자들은 모두 다리가
길어질 것 같다는 느낌이 드네요.

▲ 길거리 음식

▲ 결혼식 집장식

▲ 꽃집

▲ 집집마다 있는 제사단

가시 없는 장미가

▌ 3월 8일이 '세계 여성의 날'이었습니다. 한국에서는 그런 날이 있었는지도 몰랐는데 여기에서는 아주 중요한 날이더라고요. 뉴스를 보니까 우리나라에서도 어떤 곳은 기념행사를 하고 임금격차 줄여달라고 데모한다네요.

이 세계 여성의 날이 다른 나라는 모르겠는데 러시아, 쿠바는 있다고 해요. 또, 하반기 10월 22일에는 'Vietnam Women's Day'가 있어서 그날도 회사나 남자들은 신경을 많이 써야 합니다. 그러니까 베트남에서는 1년에 두 차례 여성의 날이 있네요. 회사에서도 여직원들을 위해 장미꽃 한 송이씩 준비하고, 가족에게는 반드시 꽃과 그 이상을 줘야만 하는 풍습인 모양입니다. 마치 발렌타이 데이처럼.

여긴 사람들이 꽃을 정말 좋아하기 때문에 꽃가게가 매우 많습니다. 매달 두 번씩 있는 제사도 꽃으로 지내니까 기본적인 수요가 있는 셈이네요. 다른 집을 방문하게 되면 비누와 휴지가 아니라 꽃 선물을 하고, 어딜 가든 꽃가게가 많은데 촌으로 갈수록 더욱 많이 보입니다. 장미한 송이에 1,000원 정도. 조그만 바구니는 1만원 남짓, 큰 바구니는 5만원 정도 하네요.

여기 여성의 날에는 직원 모두가 모여 꽃 전달식을 합니다. 여성이 꽃을 받고 싶은 남자를 지목하면 그 남자가 전달하는 방식입니다. 물론 꽃은 사무실에서 단체로 준비해 놓은 상태이지요. 사실 한국에서 여성의 날이 있었는지 기억이 안 나는데, 같은 사무실에 있는 일본 친구한테 물어보니까 일본도 어림없다고 하네요. 여성들은 한국, 일본보다 여기 베트남이 살기 좋을 수도 있어요. 우리도 더 자유스럽고, 더 선진화하면 그렇게 바뀔 수 있을는지요.

꽃 전달식 전에 장미를 보았더니 문득 지난봄에 집에서 장미를 심으려다가 가시에 찔린 기억이 나더군요. 예쁜 장미를 잡으려면 그 대가를 치르는 걸로 당연히 알고 있었는데…. 그런데 웬걸, 이 장미는 줄기가 그렇게나 매끈한 겁니다. 혹시나 가시를 떼어내고 다듬은 건 아닌가? 자세히 보았지만 그것도 아니고.

꽃들도 자기를 좋아하면 알아보는 모양이에요. 베트남에선 가시를 숨기네요. 여기선 장미를 '화-홍'이라고 하고 국화를 '화-꾹'이라고 합니다.

우리랑 어순이 달라서 앞에 '꽃 화' 자를 먼저 붙이는 셈입니다. 예를 들어 과일도 모조리 앞에 과일을 뜻하는 '꿔'를 붙이고 시작하죠. 아니면 꽃으로 인해 사람들이 순화되기도 하나 봐요. 여기서 차를 타고 가다 보면 아찔아찔한 순간이 한두 번이 아녜요. 차 경적도 크고 다양하게 바꿔 달아서 한번 울리면 깜짝깜짝 놀랄 정도입니다. 그래도 서로 싸우지 않고 쫓아가서 복수하지 않고 잘 지내는 편인데, 아마도 이건 장미의 역할이라고 말하고 싶네요.

우리 광장에서는 가끔 태극기 들고 흥분하는 사람들이 있던데 어서 가서 장미꽃을 선물해 줘야겠어요. 그것도 가시 없는 장미를. 마침 하노이 시내에 있는 통일공원에서도 대규모 장미 축제가 열리고 있습니다. 북쪽 중국 국경에 있는 하장이란 지역에서는 메밀꽃 축제가 열리고 있다고 하고요. 곧 보라색과 주황색, 그리고 흰색 꽃들이 화려하게 온 거리를 수놓는 아름다운 미래가 펼쳐질 겁니다.

▲ 꼬마 손님

모두가 말을 참 잘해요

■ 여기서 지내면서 느낀 것 중 하나는 사람들이 말을 참 잘한다는 겁니다. 세미나니 포럼이니 그런 회의에 참석해 보면 참석자들이 다들 발표를 잘합니다. 남자뿐 아니라 여자도, 나이 든 사람도 젊은 사람들도 모두. 처음 여기 사람을 만났을 때 다들 몸이 작으니까 올망졸망하다고 느꼈고, 대부분 젊으니까 똘망똘망 보는 시선을 느꼈죠. 그런데 그런 직원들이 무대에만 올라서면 카랑카랑한 목소리로 말하니 졸음이 다 달아납니다.

발표자들 발표가 끝나고 보통 질의응답을 하게 되는데 우린 빨리 끝냈으면 하는 마음에 질의하는 사람에게 눈초리를 주기 마련이잖아요. 여긴 질의하는 사람들의 질문이 무지 깁니다. 이 사람 저 사람 발표내용을 하나하나 다 평가하고 나서 질문을 던지는데, 그것도 누구에겐 이 질문, 또 다른 사람에게 저 질문. 어떻게 보면 발표보다 더 길게 질문하는 것 같기도 합니다. 누군가는 공산주의라서 자아비판을 많이 해 와서 그렇다고 하던데 그런 자아비판이란 게 여기 있는지 잘 모르겠네요. 반상회도 없는 것 같던데 그보다는 대부분 정책이 인민위원회에서 결정되고, 인민위원회는 지역 주민들의 참여와 토론을 통해서 의견을 수렴하니까 토론을 많이 좋아하는 문화라서 그런 것 같습니다.

직원들의 인사고과도 높은 사람들이 따로 정하는 게 아니라, 모두 한자리에 모여 사안을 나열하고 토론해서 잘잘못을 따지고 결론이 난다니까. 하여튼, 말은 잘 해야 할 거예요.

우리나라는 토론보다는 머리띠 두르고 주먹으로 허공을 찌르는 걸 잘하는 것 같아요. 그 바람에 붉은 악마 축구 응원은 세계적 수준급이 되었지요. 토론을 못해서인지 검찰에 고발하는 건 또 아주 잘해요. 검찰에 고발하면 아마 태풍이 한반도로 오는 것도 막을지 모르죠.

토론 문화는 여성들의 적극적인 사회 참여와도 관계있는 것 같습니다. 남자들만 있으면 주먹이 먼저 날아갈 테니까요. 여긴 오토바이도 여성들이 더 많이 타는 것 같고 전업주부란 아예 없는 것 같고요. 그러고 보니 토론하는 소리와 '다다다다' 오토바이 소리가 비슷한 것 같네요.

그래서인지 오늘 신문에 베트남이 외국인이 살기 좋은 나라 11위에 올랐다는 기사가 나왔네요. 한국은 27위인데 반해.

Vietnam

제3장

나름의 풍습과 언어

송년회도 점심때

▌ 지난겨울에 기록한 영상 6도가 40년 만의 추위라고 했었는데, 실제는 건물에 보온이 안 돼서인지 영하 날씨같이 춥더라고요. 하여튼, 초등학교는 영상10도 이하라서 자동 휴교가 되었었죠.

오늘은 우리 사무실의 송년회가 있었습니다. 여느 때처럼 모든 회식은 점심때 진행합니다. 저녁은 가족과 함께 보내야 하니까요. 점심은 커다란 닭다리 1개씩에 채소, 감자튀김, 국수, 주먹밥 등 다양한데, 무엇보다 술이 가장 중요한 건 우리와 마찬가지입니다. 항상 닭발 한 쌍을 먼저 먹고 다른 음식을 먹는 풍습이 있더군요. 왠지는 모르지만 음식을 아끼는 효과가 있겠네요.

대략 30도짜리 보드카를 소주잔에 반을 채워서 한 사람씩 돌아가며 찾아오는데 마신 양을 계산하기는 쉽지요. 인원수 곱하기 잔 수 하

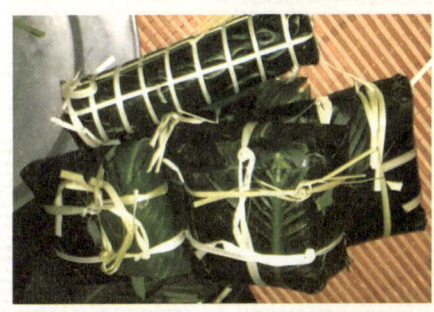

▲ 구정음식 만들기

◀ 구정음식

▼ 구정맞이 잔치

면 되니까. 독해서 10잔 이상이면 그냥 도망가야 할 정도가 됩니다. 거기다 신입사원들 골탕먹인다고 한사람씩 돌아가며 모두 대작을 하게 시키니 신입사원들은 아마 수십 잔은 마셔야 할 겁니다. '하나둘셋', 여기 말로 '못하이바'를 외치며 들이키는데 제가 가장 잘하는 베트남 말이 바로 이겁니다.

끝나면 여지없이 가라오케. 다들 노래 좋아하고 잘하는 편이지만 아직은 알아듣지 못하는 베트남 노래들이라서 어울리긴 쉽지 않아요. 한국노래 있는 데가 있기는 하지만 우리가 가는 가라오케에는 아예 없으니까 베트남 말을 빨리 배워야 하는데 말이죠. 그래도 애들 노는 걸 보면 재밌기도 해요. 말은 몰라도, 뜻은 몰라도 분위기는 아니까.

아직 구정 전이지만 여긴 음력으로 12월 23일에 이미 축제가 시작됩니다. 전설에 구정 7일 전에 '따오 할아버지'가 하늘로 옥황상제에게 보고하러 올라갔다고 하네요. 부엌을 장악하는 못된 신인데, 하여튼 따오 할아버지가 보고를 잘하도록 하려면 제사를 지내야 한다고 해서 집마다 돈 모양의 종이를 태우는 바람에 시내는 온통 연기로 자욱해집니다. 또, 오래전 왕과 여왕이 물고기를 타고 승천하고 난 후 사람들이 요리할 수 있도록 불을 내려주었다는 전설이 있다네요. 그래서 이날은 사람들이 물고기 3마리를 가지고 제사를 지내고 그 물고기들 방생하는 날이랍니다.

여기도 한국처럼 구정 전후로 법정 공휴일은 3일이지만 대체휴일, 그리고 전주, 다음 주 토요일을 일하게 하고서는 설 연휴를 1주일로 만듭니다. 그래서 이번에도 9일간의 연휴가 됩니다. 유연하게 휴일을 적용하는 방안은 괜찮은 것 같기도 합니다. 모두 멀리 떨어진 집에 간다고 휴일 2~3일 전이면 슬쩍 가버리지만 사실은 구정 1주일 앞두고 준비운동하면서 마음의 축제는 이미 시작된 거지요. 이번 주는 여기도 추워서 전기장판 없이는 못 잘 정도고 와인, 전통음식 등등 서로 설 선물 돌리느라고 다들 바쁘네요. 아직 상품권은 등장하지 않은 것 같구요.

◀ 구정 행사 후 방생
▼ 노래하고 춤 추며

구정을 뗏이라고 불러요

■ 여기는 구정을 '뗏 연휴'라고 부릅니다. 자세히 물어보니까 원래는 '뗏 누엔 단(Tet Nguyen Dan)'이라고 해서 번역하면 '절원단', 즉 '원단절'이라는 단어를 거꾸로 쓴 거더라고요. 추석도 '중추절', 여기서는 '절중추'라고 하지만 추석이 휴일은 아니니까 뗏 연휴는 구정밖에 없는 셈입니다.

구정 전에는 송년회 식으로 회식을 하고, 연휴가 되면 먼저 고향의 가족, 친지, 외가를 찾아가고 스승을 찾아가는 관례가 있다고 합니다.

구정을 즐기는 건 우리랑 똑같은데 좀 다른 풍습도 있습니다. 먼저, 구정에 복숭아나무와 귤나무를 통째로 선물하는 풍습이 있습니다. 돈이 많이 생긴다는 의미가 있는데, 그 나무들은 잎사귀는 별로 없고 분홍색 꽃 아니면 귤만 덩그러니 달려 있습니다. 여기저기 길을 다 막고 복숭아나무, 귤나무를 전시하고 있어서 요즘엔 걸어 다니기도 힘들지요. 역사책에 나오는 도원결의도 아마 구정 때 이런 데서 한 건 아닐까 하는 생각이 듭니다.

세배하는 풍습은 아예 없습니다. 세뱃돈은 아니지만 아는 사람들에게 돈을 주는 풍습은 만연한데 여긴 아이들뿐 아니라 나이 많으신 분들, 주위에 청소하는 사람, 수위 등에게도 나눠 줍니다. 우린 세배해야만 돈을 주는데, 여긴 세뱃돈이 대가성이 없는 거지요.

우리처럼 윷놀이도 없고 먹고 마시고 얘기하는 게 거의 전부인 것 같습니다. 그래서인지 음식 종류는 여기가 더 많은 것 같아요. 음식 준비하느라 여자들은 다들 바쁠 텐데 설거지도 다 여자 몫이기도 하고. 여기도 곧 설 연휴 끝나면 이혼이 급증하게 되는 건 아닌지 모르겠네요.

유사 풍습을 굳이 찾자면 그네 타는 것도 있고 제기 차는 것도 있습니다. 그런데 여기 사람들 제기차기는 사실 구정만이 아니라 평상시에도 많이 하는데, 우리는 한 명이 얼마나 많이 차느냐 수치를 놓고 경쟁해서 승패를 따지지만 여긴 안 그래요. 여러 명이 둘러서서 뺑뺑 높이 높이 떨어뜨리지 않고 돌아가며 차는 겁니다. 머리 뒤로 넘어오면 뒷발로 차기도 하고, 옆발로도 차고, 여자들도 많이 차고 제법 오랫동안 차는 모습을 보면 재주가 있는 것 같아요.

예전에 우리 국가대표가 축구에서 베트남에 4대 1로 진 적이 있었잖아요? 그때 우린 이변이라고 했었지만, 제기 차는 모습을 보면 그렇지만은 않다는 걸 아실 거예요.

구정 풍습은 아니지만 장기도 있는데 규칙이 좀 다릅니다. 먼저, 양 진영 가운데에 도랑이 있어서 아군진영 적군진영에서 행마가 다릅니다. 포는 차처럼 가다가 먹을 때만 넘는다든지, 상은 적군 진영으로 못 간 다든지, 왕은 사선으로 못 움직이고 졸병도 아군진영에선 오로지 직진 만 가능한 규칙이 있습니다.

구정이 되어 떡국을 먹으면 나이가 한 살 더 먹는 건 우리랑 똑같습 니다. 구정 전날 태어나면 하루 만에 두 살이 돼 버리는 그런 관대한 계산 방식인 거죠. 띠도 우리처럼 12개 다 있는데, 양 대신 염소가, 토 끼 대신 고양이가 있는 게 다릅니다.

점점 차량이 늘어 여기 사람들도 고향길이 고생길이 되어버렸네요.

▲ 구정 선물용 귤나무
▲ 구정 길거리 나무

◀ 구정 연휴 중 길거리
◀ 새해 장식

Chúc Mừng
Năm Mới

신년 하례회 풍습

■ 베트남은 송년회, 신년 하례회를 모두 구정을 기준으로 진행합니다. 사업계획과 평가도 모두 구정 기준입니다.

9일간의 오랜 휴일을 마치고 출근하니까 가장 눈에 띄는 게 문마다 씰을 해 놓은 겁니다. 아무도 못 들어가고 누군가 들어가면 표시 나도록…. 첫날 누가 그 씰을 뜯어야 하는지도 예민한 관심거리입니다.

구정 마치고 출근하는 첫날은 나름의 신년 하례회 풍습이 있습니다. 우리처럼 강당에 모여서 연설하고 그런 게 아니고, 회의실에 부서별로 둘러앉아서 담소를 나누는 수준입니다. 과자, 와인, 음료수 등이 필요하겠지요. 떡 같은 전통 음식들도 함께요. 그리곤 작은 행사가 있지요.

먼저 대부분 '펫 머니', 즉 '럭키 머니'라
고 해서 신권으로 돈을 준비합니다. 봉투
에 넣어도 되고 안 넣어도 되고, 빨간 봉
투도 있고 초록 봉투도 있어요. 금액 수
준을 보면 차관이나 국장은 10만 동, 부
국장이나 과장은 5만 동을 신권으로 준비
해서 모두에게 나눠줍니다. 일반 직원들
은 받기만 하는 거지요. 그런데 돈에 인쇄
된 일련번호에 8자가 들어가는 게 좋다고
해서 신권에다가 번호까지 맞추는 친구들
도 있더라고요. 그런 번호로 선물해주면
좋아할 겁니다.

사전에 듣기로는 붉은색 돈만 준비한다
던데, 보니까 그런 거는 없고 파란색도 초
록색도 상관하지 않습니다. 신권을 준비
해야 하니까 여기 조폐공사는 연말에 무
척이나 바쁠 것 같습니다. 한쪽 구석에 있
는 나무에는 조그만 빨간 봉투들을 주렁
주렁 달아 놓았더라고요. 기관장을 제외

하고는 직급순이 아니라 나이순으로 하나씩 봉투를 여는데, 그때 우리
직원들의 나이를 모두 알았습니다. 그 봉투에는 많게는 50만 동(2만 5
천원)부터 꽝까지 있습니다. 대신 꽝에는 덕담을 적은 쪽지가 들어있습

니다. 하나씩 따서 웃고 즐깁니다.

　그러다 보면 상부 기관에서, 그리고 같은 건물의 다른 기관에서 단체로 인사를 오고 또 한 차례 돈을 돌리고 나무에서 봉투를 따고… 조금 있으면 또 다른 데서 오고 이렇게 돈을 열심히 돌리고 받으면 반나절이 지나갑니다. 그리고는 집으로 가야죠.

　구정이 지나면 절이나 사당에는 사람들이 북적이기 시작합니다. 한 달 내내. 돈 많이 번다는 절, 결혼하게 되는 절, 아들 낳게 해주는 절 등 두루두루 돌아다닌답니다. 절에는 부처 말고도 뭐가 그리 많은지 하나하나 모두 다 찾아서 절하려면 돈도 수월치 않게 드는데, 그때 보니까 1,000동짜리(50원) 신권들을 준비했더라고요. 1,000동짜리 용도가 여기 있었네요.

　이번 구정에 서울에 가보니 오랜만에 보는 경치가 하노이와 비교하면 정말로 너무 달랐습니다. 서울에서 하노이로 돌아올 땐 마치 타임머신을 타고 오는 느낌이 들었습니다. 건물들과 도로, 차량, 사람들 옷차림 등등. 서울에 가기 전에는 전기장판이 필요했었는데 이젠 날씨가 더워져서 겨울옷은 모두 집어넣고 여름옷을 꺼내게 되더라고요. 앞으로 타임머신에는 계절별 옷도 모두 준비해야 할 것 같네요.

봄나들이 신년나들이

■ 구정이 끝나고 얼마 되지 않아 봄나들이를 직원들과 같이 다녀왔습니다. 야유회는 아니고, 기관 대부분이나 회사가 단체로 절에 갑니다. 고사를 지내거나 올 한해 잘되게 해달라고 비는 행사인 셈이죠. 하여튼, 전 직원이 같이 떠나는 행사로는 1년 중 유일한 행사입니다. 아참, 여름휴가도 있네요.

이번에 우리는 하노이에서 하롱베이 가는 길에 있는, 꽝닌성에 있는 '바방'이라는 절에 갔습니다. 산 중턱에 자리 잡은 꽤 커다란 절로 찾는 사람들도 아주 많았습니다. 그 절이 하롱베이 가는 길에 있어서 한국에서 오는 하노이 관광코스에도 들어있는 것 같습니다. 하노이에서 100km 떨어졌으니까 가깝다고 생각하시겠지만, 여기 교통사정을 좀 아시면 그게 가까운 게 아니라는 거 아실 거예요. 우리가 아침 7시 반에 모여서 최종 도착 시각은 11시가 넘었으니까요.

불교 파고다

아침에 모이면 먼저 근처에 아침 식사를 하러 갑니다. 주로 쌀국수 (포, 여기 말로 낮게 퍼~어)가 메뉴입니다. 점심때도 먹지만 아침은 거의 퍼. 그리곤 그 간단한 식사 후에도 목욕탕 의자에 둘러앉아 차를 한잔 (여기 말로도 '차, TRA'). 도중에 휴게소에 한번 들렀는데, 이번에 제가 새로 발견한 건 휴게소에 있는 탁자에 차를 담은 주전자와 찻잔이 있는데 그 차가 공짜라는 겁니다. 다른 거 안 사고 차만 마시고 나와도 된다는군요. 그러니까 이렇게 두 차례 쉬고 가니 100km에 3시간이 넘게 걸린 거죠.. 하여튼, 안 쉬고 간다는 가정하에 여긴 시속 50km로 계산하면 거의 맞아 떨어집니다. 그 절에 도착하기 전에 자율적으로 헌금을 내라고 하던데, 보니까 대부분 10만 동(5천원)을 내더라고요.

여긴 절에 있는 스님들의 옷이 세 종류입니다. 황금빛, 갈색, 그리고 우리나라처럼 회색 옷. 그런데 회색이 가장 직급이 낮아 보였습니다. 어떤 중은 갈색 받침에 황금빛 가운을 한쪽 어깨만 걸친 거로 봐서 그 중간 계급인 것 같고요.

아주 커다란 절이라서 화려하고 멋있긴 한데 그 건물 간판에는 멍광무량, 안에도 자비와 지혜 이런 말들이 한자로 써 있더라고요. 그런데 그 글씨를 근무 중인 스님도 모르는 겁니다. 저밖에는 아는 사람이 없어서 기분 좋았었지요. 나중에 주지 스님도 반갑게 맞아 주었는데 그거 아시는 지 물어본다는 게 까먹었네요.

옆 건물에서는 점심도 주던데 공짜래요. 모두 채소와 과일로 먹을 만했고 한 가지 특이한 건 젓가락은 음식 집을 때만, 숟가락은 먹을 때만 사용한다는 나름의 규칙이 있어서 오히려 좋았습니다. 여기 하노이에서

다른 식당에 갈 때마다 걱정했던 점이었는데 말이죠.

여기 절들도 사람들이 불상 앞에서, 그것도 12개나 되는 불상 앞에 앉아 합장하는데요. 절도 수십 번 하는데 손만 모아서 흔드는 형식으로 엎드리는 경우는 별로 없더군요. 하여튼 여기 절들도 돈은 많이 벌 거 같네요.

절 뒤편에는 동산이 있어서 올라 가보면 산 위에서 멀리 하롱베이까지 보이니 멋있기도 합니다. 오후 5시쯤 출발해서 도중에 저녁 먹고 도착하니 8시. 그리곤 해산.

이게 여기의 신년맞이 봄나들이 모습입니다.

▲ 국도변 휴게소 모습

▲ 휴게소 찻집 2층

베트남 시조 기념일

▌ 여긴 음력 3월 10일이 우리로 치면 개천절, 단군 기념일입니다. 휴일이 토, 일요일에 걸리면 당연히 대체휴일, 그러니까 월요일까지 긴 연휴가 됩니다. 베트남의 단군왕검, 베트남 시조의 이름은 '훙 브엉'입니다. 부모가 낳은 알에서 100명이 태어났고 그중 50명은 산에, 50명은 바다에 정착시키고. 그 중 한 명이 'Hung 왕'이라고 합니다. 역사에는 기원전 2879년부터 약 2500년간 존재했던 왕조라고 합니다. 우리나라 역사의 시작이 기원전 2333년이니까 우리보다 약 500년이 더 긴가요?

산 위로 한참 올라가면 사당이 있고 부모를 위한 사당도 좌우 산에 각각 모시고 있습니다. 그 앞으로 커다란 광장이 있고, 대충 우리 단군 사당보다는 규모가 더 크고 잘 되어 있습니다. 하노이에서 북쪽으로 100km 떨어진 지역에는 푸투 성이 있습니다. 하노이 공항에서 조금 더 북쪽으로 올라가는 곳이죠. 신문에는 매년 행사 때마다 약 500

만 명이 찾는다고 하네요. 0을 하나 빼도 믿을까 말까인데 말이죠.

여기 베트남은 사당과 절이 구별됩니다. 일반적으로 사당은 'Temple'이라고 하고 규모가 작은 편이면서 남자들만 갈 수 있다고 합니다. 불교의 절은 'Pagoda'라고 하는데, 절에는 중도 있고 불상도 있고 규모가 큽니다. 여자들도 갈 수 있어서 많은 사람들이 가족 단위로 찾습니다. 대부분 종교를 물으면 불교라고 하는데 사실은 불교와 토속 신앙이 혼합된 거라서, 어떻게 보면 우리 불교와 비슷하죠. 아직은 기독교와 토속신앙이 뭉그러진건 아닌 것 같습니다.

또 점을 좋아하고 많이 봅니다. 여기 와서 누가 그 사업을 해도 될 것 같아요. 집이나 상점, 가게나 회사는 모두 입구에 간단하게 만든 제사상이 있고 음력 월초와 보름에는 차례 비슷하게 꽃과 향과 음식으로 제사를 올린다고 합니다.

여기 사람들은 반 이상이 개고기를 좋아하는데 대부분 음력으로 초반에는 안 먹고 마지막 날에 많이 먹는다고 합니다. 그러니까 정작 제삿날은 개들에게 해당하는 거죠. 게다가 날씨마저 더우니까 개들은 베트남에서 빨리 도망가야 할 것 같군요.

이런 후덥지근한 날씨에서도 계절은 봄이라고 꽃들이 피기 시작합니다.

베트남 시조
사당과
행사 모습

북부지역의 가 볼 만한 곳

■ 베트남 북부지역을 중심으로 관광지를 간단히 섭렵해 보겠습니다.

먼저 '사파'라고 아시나요? 거기엔 동남아에서 가장 높다는 '판시판'이라는 3,183m짜리 산이 있죠. 최근 케이블카가 개통되어 거의 꼭대기까지 올라갑니다.

그 외에도 사파는 특이한 옷을 입은 소수민족들이 있고 고산지대라 날씨도 선선해서 특이합니다. 하노이에서는 한국에서 수입한 우등고속이 매일 운행해서 다른 어디보다 교통이 편리합니다. 편도로 5시간 걸리네요.

그리고 그 근처엔 역시 고산지대에 소수민족이 많이 사는 '하장'이라는 지역이 있습니다. 하노이에서 라오까이까지 가면 서쪽은 사파, 동쪽은 하장이 되겠습니다. 라오까이까지는 기차로도 이동할 수 있고 중국으로 넘어갈 수도 있습니다.

하장은 공기가 좋고 계단식 논밭들이 볼거리고 봄에는 '땀자마'라는 핑크 꽃이 유명하답니다. 또 하장은 소고기가 좋기로 유명하다네요. 이미 한국에서도 자전거·오토바이 투어하기 위해서 많이 찾는다고 합니다. 커다란 베트남 국기가 중국과의 경계를 나타내고 있습니다.

거기서 더 동쪽으로 지도상에 보면 '까오방'이라는 지역이 있습니다. 여긴 '팍보'라는, 호찌민이 머물렀다는 지역과 호수와 동굴들로 유명합니다. 베트남의 영웅 호찌민은 청렴결백하고 국가를 너무 사랑하고 자기를 희생하기도 했었지만, 모든 국민을 평등한 인간으로 대우하고 역사를 보는 혜안이 남달랐다고 합니다. 베트남에서 호찌민이 전 국민의 추앙을 받는 이유는 바로 여기에 있는 것 같습니다.

좀 더 중국 국경으로 가면 '반지옥'이라는 마을엔 우리나라 모든 폭포를 한꺼번에 모아둔 것 같은 경관이 펼쳐집니다. 까오방까지는 하노이에서 차로 12시간이 걸리지만 도중에 있는 '바베'라는 아름다운 호수 마을엔 커다란 호수가 좋습니다.

하노이에서 서쪽으로는 '디엔비엔푸'라는 역사적인 마을이 유명한 관광지입니다. 프랑스를 물리친 마지막 전투가 있었던 곳이죠. 폭약이 터진 커다란 웅덩이, 프랑스군 사령부 벙커들이 그대로 보존되어서 주변

사파마을 전경

사파와
사파의 꼬마들

▲ 소수민족

의 아름다운 꽃들과 함께 사람들
이 찾는 명소가 되고 있습니다. 차
로는 10시간이나 걸리지만 중간에
는 '목차오'같은 차밭과 목장으로
아름다운 마을이 있습니다.

베트남은 우리와 달리 육로로 다
른 나라를 갈 수 있습니다. 아세안
협정으로 통행이 자유롭지요. 하지만 각국 간 협의로 베트남을 벗어나
면 2개국 까지만 갈 수 있다고 하더군요. 저는 싱가포르까지 갈 수 있

으면 한번 도전해 볼까 했었는데….

하노이에서 동쪽으로는 다 아시는 하롱베이가 있죠. 그런데 전 거기보다 하롱베이 맞은편의 '갓바'라는 지역이 더 좋아요. 하이퐁 시내에서 더 가까운데 경치는 똑같고 무엇보다 하롱베이 같은 바가지는 덜할 거고. 하노이-하이퐁 간 고속도로가 하롱베이까지 연결되면 괜찮을 거예요.

하이퐁 근처에는 '도선'이라는 해변도 유명합니다. 제일 마음에 드는 건 해산물들이죠. 신선하고 싸고 바닷가에서 그대로 즐기니까.

하이퐁 직전에는 케이블카를 두 번 타고, 또 30분 이상 걸어 올라가는 '엔뜨'라는 산이 유명합니다. 또 근처엔 최신 건축된 '바방'이라는 대형 절이 있어 사람들이 많이 찾습니다.

하노이 남쪽으론 고속도로로 2시간 거리에 '닝빙'이란 도시가 있는데 그 주변이 관광지가 많습니다.

먼저, 잘 아시는 '땀콕'이라는 육지의 하롱베이. 강을 따라 노를 저어 산과 들, 굴속을 다녀오는 곳이죠. 바로 근처에는 땀콕과 비슷한 '짱안'이라는 곳과 그 뒤에 베트남에서 가장 크다는 절 '바딘'이 있고요. 30분 거리엔 '팟지엠'이라는 200년 된 성당도 또 볼만합니다.

짱안

　거기서 50km를 더 내려가면 '탱화'라는 도시와 부근의 삼선 비치가 최신 골프장과 리조트로 단장되어 있습니다. 거기서 100km를 더 내려가면 '빙'이라는 도신데 여긴 베트남의 영웅 호찌민의 고향으로 유명하고 해변이 유명합니다. 그런데 여긴 사투리가 심해서 베트남 사람들도 말이 잘 안 통한다고 하네요. 교통편도 안 좋아서 슬리핑 기차나 버스를 이용해야 합니다.

200년 된 팟지엠 성당

 하노이에서 남쪽으로 150km 떨어진 '팟지엠'
이라는 곳을 다녀와 봤습니다. 'Phat Diem'이라고 쓰는데 팟디엠이 아
니고 팟지엠으로 읽습니다.

오래전 프랑스 사람들이 지은 200년 된 성당이 있는데 엄청난 규모에 벽마다 빈틈없는 조각들이 무수히 장식되어 있고, 앞에는 호수공원 뒤에는 정원. 본 건물에 부속 성당들이 대여섯 개가 있습니다. 돌로 지

은 건축물에 십자가가 걸려서, 동서양이 뒤섞인 양식이랄까? 그런데 하노이 관광 오는 한국 사람들이 여긴 잘 모르더라고요. 서양 사람들은 많이 찾고 있었는데 말이죠.

▲ 성당 내부

저는 이곳이 프랑스가 남겨준 멋진 유산 중의 하나라고 느꼈습니다. 36년간 지배한 일본이 우리에게 남겨준 멋진 유산이 뭐가 있나요? 열등 민족이 우위의 민족을 무리하게 점령하려니까 그렇게 악랄하고 잔인한 통치를 했었던 게 아닌가 하는 생각이 갑자기 들더라고요. 『태백산맥』이란 책에서 어느 서양 사람이 한 말이 기억납니다. '잘생기고 덩치도 큰 한국 사람들이 보잘것없는 일본 사람들에게 지배당하고 있는 게 도무지 이해가 안 간다.'

베트남 전쟁 시 한국군이 파견된 적이 있었습니다. 비둘기부대, 맹호부대, 청룡부대 등등. 그런데 하노이 사람들은 우리에게 적대감이 거의, 아니 전혀 없습니다. 왜 그런가 생각해 보니까 당시 우리 싸움의 대상은 하노이가 아니고 남부 지역의 게릴라들, 소위 베트콩이라서 그런 건 아닐까 하는 생각이 듭니다.

지금도 다낭 등 중부지역에는 우릴 미워하는 사람들이 많고. 그래서 그 지역에 코이카[한국국제협력단]에서 병원이며 학교며 잔뜩 지어주고는 있습니다.

일설에는 호찌민이 중국 상해 임시정부 시절에 같은 처지의 김구 주석과 두터운 친분이 있었고, 그래서인지 한국은 용병에 지나지 않는다고 미워하지 말라는 지시도 했었다고 하네요.

하여튼, 현재 베트남은 우리와 매우 가까운 나라이며 우리에게 너무나도 호의적이고, 앞으로 우리나라가 아주 긴밀히 협조해야 할 나라임에는 틀림이 없습니다.

현재 우리나라가 베트남에 가장 많은 투자를 하는 나라이기도 하지만 우리가 좀 더 전략적으로 치밀하게 준비해서 베트남과의 경제 협력을 비롯한 모든 관계 설정에 대처할 필요가 있다고 봅니다.

유적지를 중심으로 여름휴가

▌ 여기는 5월부터 40도를 넘나드는 폭염이라 여름휴가는 과연 언제일까 했었는데 여기도 6월, 7월에 대부분 여름휴가를 갑니다.

개인적인 휴가로는 비용 부담이 만만치 않으니까 대부분의 기관이나 회사는 단체로 휴가를 가는 게 관행입니다. 회사나 사무실 단위로 단체로 여행을 가는데, 직원은 예외 없이 전원 참석이고 직원들의 가족은

▼ 도선 비치와 리조트에서

데리고 가고 싶은 분들만 함께 갑니다. 비용은 노동조합에서 거둔 회비로 충당하고 추가로 참여하는 인원에게만 별도로 비용을 청구합니다.

저희도 하이퐁 근처 '도선'이란 지역으로 단체여행을 다녀왔습니다. 인구가 4백만이 넘는다는 베트남 북부의 최대 항구 도시 하이퐁은 하노이로부터는 150km 정도 떨어져 있는 도시입니다. 하노이의 '하'는 '강 하(河)'를 뜻하고 하이퐁의 '하이'는 '바다 해(海)'를 뜻합니다.

총 28명이 같이 갔는데 직원은 18명, 애들과 가족 또는 남편들이 따라 왔어요. 차량 이동시간으로 거의 4시간 걸리네요.

전에 하롱베이를 개인 차량을 이용해서 가는 길 내내, 오는 길 내내 온몸이 오싹해서 피곤한 적이 있었는데 이번 여행은 달랐습니다. 대형 버스에 직원들만 타고 가서 그럴까요.

'도선'이라는 해변에도 태국처럼 풍선 타고 달리는 배가 있고 주변에 애들 놀이터와 리조트가 있어서 서바이벌 게임도 즐깁니다. 긴 해변과 섬들, 거의 모든 걸 갖추고 있더군요.

밤마다 바닷가 길싸롱에서 저녁을 먹고 노래방 가는 게 당연한 일정이었는데 전체 일정은 무리하지 않고 특별한 행사도 없었습니다. 모두 어떤 부담 없이 그냥 긴장을 풀고 즐기는 모습입니다.

도선 비치 근처의 바닷가 옆 길싸롱이 특히 기억에 남는데 바닷가 일반 도로 옆 인도에 식탁과 의자를 놓고 식당을 만든 거죠. 부서지는 파도소리를 들으며 즐기는 신선한 해산물은 정말 일품이었습니다. 오이스터나 대하, 게, 왕새우, 참치구이. 이거 정말 식당과 메뉴는 베트남에서 지금까지 맛본 중 최고의 저녁이었습니다. 아니 어쩌면 "World Best"라고 표현하고 싶어요.

아직 외국인들에게 잘 알려지지 않아서 그렇지, 발리나 푸켓, 그런 데보다 유명하진 않지만 못하지도 않을 겁니다.

정말 인상적인 여름휴가였습니다.

하노이에서 다녀온 다낭

■ 여기 하노이에서 다낭으로 가려면 비행기를 이용해야 합니다. 육로로는 700km 정도지만 기차와 버스가 느려서 15시간 정도 잡아야 합니다. 물론 기차는 침대칸이 있어서 밤사이 이동하면 되지만 그래도 너무 오래 걸리죠.

비행기는 저가 항공기가 있어서 왕복에 10만 원가량. 조금 늦게 예약하면 11만원, 12만원, 15만원까지 올라갑니다. 그런데 막상 하루 이틀 전에는 8만원짜리도 있었다고 하네요.

다낭에서 가장 인상적이었던 건 새벽시장에서 꽃을 그렇게 많이 팔고 있다는 것이었습니다. 과일이나 채소, 그리고 두부 등 음식류가 그다음 품목들입니다. 여기 베트남 사람들은 꽃을 무척 좋아하네요. 그 바람에 전 온종일 꽃가루 때문에 고생했지만.

다낭의 밤과
강변, 해변
다양한 다리

하노이에 살던 제가 다낭에 가니까, 한마디로 촌놈 서울 구경한 셈이었어요. 공기도, 거리도 깨끗하고 거기에도 한강이 있는데 강변은 잘 정돈되어 있었고요.

걸어 다니기도 좋고 반대편 광고판을 잘 정리해서 보기도 좋았어요. 건너는 다리들 각각 다른 형태로 만들어서, 특히 밤에는 멋진 풍경이 전개됩니다.

이거 저만이 아니라 서울 사람들 모두 촌놈이 되는 순간입니다. 서울의 한강, 빨리 다시 개발해야겠어요. 여긴 몇 가지 관광 코스를 만들고 대중교통과 쇼핑센터만 더 들어선다면 홍콩이나 싱가포르보다 나을 수도 있을 것 같네요.

호텔도 저렴해서 4성급이 인터넷으로 예약하면 하루 5~6만 원 정도, 10만원 정도면 5성급도 충분히 가능합니다. 심지어 2~3만원급도 잠만 자는 호텔도 사람들은 좋다고 하네요.

다낭의 주변 관광지는 동서남북으로 나누어져 있습니다. 이미 많은 편이네요. 먼저 동쪽은 해변. 길고 긴 해변에 북쪽 끝에는 '영웅사'라는 절과 엄청나게 큰 불상이 있고, 남쪽으로 해변을 따라 30km 내려가면 아주 오래된 항구도시 '호이안'이 있어요. 랜턴으로 유명하죠.

서쪽으로는 차로 30분 이동하면 1,300m 이상 되는 산꼭대기에 프랑

▲ 다낭 바나힐스

스 마을을 만들어서 '바나힐스'라고 해요. 아이들에게는 놀이터가 되고 구경거리가 있어 좋고, 어른들에겐 시원해서 좋네요.

북으로는 차로 2시간 반 올라가면 마지막 왕조의 도읍이었다는 '후예'. 왕궁과 8개의 왕릉이 있습니다. 거긴 차를 빌려서 아침에 갔다가 오후에 오면 됩니다. 왕복 차량에 8만원 정도. 기차가 더 좋을 거예요.

후예는 1802년부터 1945년까지 왕조니까 멀지 않은 근대 역사입니다. 사실 베트남의 지리적 중심은 다낭이나 후예니까 이쯤이 수도가 되어야 할 것 같은데 말이죠. 아무튼, 후예는 지금도 음식으로도 유명합니다. '분버 후예'라면 소머리 국수라는 뜻입니다.

다만 다낭 시내에 있는 성당이니 '따오다이 사원'은 그저 그런데 시내 전체가 안전하니까 밤에도 강가에서 차를 한 잔 하는 여유도 가능하고 새벽엔 그 장소에 운동하러 나온 사람들로 북적거립니다. 해도 일찍 떠요. 5시면 날이 훤합니다.

하노이로 다시 돌아오는 순간, 그동안은 몰랐었는데 '백 투 더 공해'. 그래도 길거리엔 활짝 핀 꽃들이 가득합니다.

호이안의
야경등불과
후예고분

프랑스 격퇴지 디엔비엔

■ 1954년 프랑스를 물리치고 독립을 쟁취한 마지막 전투가 있던 곳. 하노이에서 서쪽으로 약 500km 떨어진 곳으로 라오스 국경과 거의 접하고 있는 곳이죠. 도로는 처음부터 끝까지 2차선 포장도로로 차량으로 이동하면 편도 10시간은 걸리는 곳. 역사적인 '디엔비엔푸'입니다.

우리나라가 산이 70%라고 하는데 여긴 더 많은 것 같아요. 아마 북부 베트남만 그러겠죠? 500km를 가는데 우리 대관령 같은 고개를 무려 5개 넘어야 합니다.

드라이브 좋아하는 사람들은 여기서 즐기면 될 거 같아요. 다만 2차선이니까 추월을 많이 해야겠죠. 트럭, 버스 그리고 오토바이들…. 베트남에서 일부 사람들이 고급 차를 타고 다니던데 이제야 왜 필요한지 이해가 갑니다.

▲ 북부 산골 마을

　우리나라는 고속철을 뚫으면 7~80%가 터널 아니면 다리라고 들었는데, 베트남 북부는 90%가 터널이 될 거 같아요. 진출입만 나와서 하고 나머지는 땅속 터널로만 다니는 그런 곳 말이죠.

　10시간을 차로 왕복하면서 주변 경관을 보니까 우리나라하고 거의 같더군요. 산세며 나무며 고갯길이며 지나가면서 너무 비슷해서 금수강산 노래가 절로 나오지만, 정신을 차려보면 여긴 한국이 아니라 베트남 북부. 여기도 금수강산입니다. 특히, 봄에는 꽃핀 산들이 아주 아름답다고 하네요.

　그 500km를 가며 오며 느낀 점은 우리나라와 경치가 거의 같다는 점. 그래서 사람 생김새도 비슷한 가 봐요. 마침 겨울이라서 20도 전후의 적절한 기후라서 더욱 멋있어 보였을 수도 있었을 겁니다.

디엔비엔푸
유적과 모형
전시

　하여튼 순대, 장어 등 유사한 음식, 제사를 포함한 같은 문화, 구별하기 힘든 얼굴 생김새 등등. 거기에 더하여 이제 금수강산까지 유사한 점이 너무 많습니다.

　다른 점을 열심히 찾아보니까 첫째, 산에 무덤이 하나도 없다는 것입니다. 공동묘지들도 산 뒤에 숨겨놨는지 안 보이고 또 하나 다른 점은, 10시간 이동 중 교회 십자가를 딱 하나 봤습니다. 불현듯 교회 숫자와 무덤 숫자는 비례하는구나 하는 생각이 스칩니다.

　디엔비엔은 제국주의 프랑스의 식민지 야욕을 물리친 곳입니다. 아마도 역사적으로 전 세계적으로도 약소국이 제국주의를 물리친 유일한 전쟁이지 않나 싶습니다. 야전본부들과 격투 현장이 고스란히 보전되어 있더군요. 근처에 온천도 있습니다. 아직 시설이 허름해서인지 독방이 3,500원.

이곳은 하노이로부터 멀리 떨어진 변방이라서 여러 소수민족들이 많이 살고 있습니다. 머리를 평생 자르지 않고 올리고 다니는 여인네들. 옷에도 붉고 검은 색을 많이 넣어서 금방 소수 민족임을 알 수 있을 정도입니다. 이 소수민족들도 뉴질랜드 마오리 족들처럼 재밌는 고유문화가 있더군요.

산 아래 소들을 키우고 대나무로 가구를 만들며 쌀농사를 주로 하는 사람들. 멀리서 보면 그렇게 평화로울 수 없는 마을들입니다.

프랑스가 여기를 인도차이나의 중심이라고 보고 사령부를 두었던 모양인데, 지금이라도 인도차이나 관광의 중심지로 개발하면 안성맞춤일 것 같은 생각이 듭니다.

까오방 그리고 바베호수

까오방폭포

▌베트남은 우리 남한과만 비교하면 영토가 3.5배. 몇 배 아닌 것 같지만 돌아다니다 보면 굉장히 크다고 느껴져요. 여긴 경제 성장을 위해서 공장이 아니라 관광이 더 중요하다고 보이네요. 그 이유는, 길고 긴 해안선과 훼손 없이 유지하고 있는 자연 그 자체.

하노이에서 북쪽으로 올라가서 중국 국경과 맞닿는 곳까지 가면 '까오방'이란 데가 있습니다. 하노이 북쪽은 거의 고산지대입니다. 그래서 비행기도 없고, 기차도 없고. 거리상으론 300km가 채 안되는데 차량으론 6시간 이상 걸립니다. 대관령을 다섯 개쯤 넘어가는 기분입니다.

까오방이란 도시에서 다시 약 100km, 그러니까 2시간을 더 달려가면 '반지옥' 이라는 폭포가 있습니다. 10m 폭의 폭포들이 예닐곱 개 모여서 한꺼번에 물을 쏟아내니까 장관이겠죠. 하나하나 따로 떨어져 있었으면 그저 그랬을 텐데 모여 있으니까 대단하네요.

강 건너편은 중국이라서 폭포의 반은 중국이고 반은 베트남입니다. 위키피디아에 보면 국경에 위치한 폭포 중 반지옥은 이과수, 빅토리아, 나이아가라에 이어 세계에서 4번째 큰 폭포랍니다. 하지만 사실 규모는 그 곳들에 비교하면 좀 안되죠. 그렇지만, 우리나라 어느 폭포보다도 크고 멋진 광경입니다.

원래는 폭포 전부가 베트남 영토였는데 1979년 중국이 쳐들어와서

▲ 도로 기점 제로

한 달간 전쟁을 치렀답니다. 베트남의 캄보디아 침공을 빌미로 중국이 쳐들어 왔었나봐요. 결국 영토를 좀 뺏기고는 폭포를 사이에 두고 국경으로 정했다고 합니다. 그래서 강 건너편에서는 관광 온 중국 사람들의 모습들이 보입니다. 강의 폭이 크지 않아서 떠드는 소리까지 다 들리니까 좀 시끄러워요. 다행히 폭포 물 소리가 좀 더 크네요.

바로 주변에 있는 산에는 동굴도 있습니다. 이 동굴도 우리나라 동굴들에 비교하면 규모가 큰 편이죠. 길기도 하고. 그 지역이 평평한 하노이완 달리 모조리 고산지대에 있어서 모두가 올록볼록. 험한 산세로 보이는 곳 모두가 하롱베이입니다. 윗부분만 본다면.

또 하노이와 까오방 중간쯤 지역에는 '바베 호수'가 있습니다. 이것도 무척 커서 이쪽 끝에서 저쪽 끝까지 배로 열심히 가도 2시간이 더 걸립니다.

▲ 팍보의 레닌 강과 막스 산

주변이 자연 그대로라서 산밖에
없고 물도 하늘도 깨끗합니다. 여
기에도 아주 큼직한 동굴이 있어
서 도시락 싸가지고 가면 좋을 뻔
했었지요.

   아직 잘 개발되지 않고 알려지지 않아서 사람들이 많진 않지만, 언젠
간 소문나고 시끌벅적한 휴양지로 될 것 같아요. 시간이 문제겠죠.

   아무튼 이번에 느낀 건, 심지어 폭포라도 모여야 힘 좀 쓰는 것임을.

중부의 낙원 동허이

■ 베트남 중부에 있는 과거 격전지, 동허이. 여기 한마디로 낙원으로 가는 길목이라고 하면 딱 맞는 표현입니다.

동허이는 하노이에서 기차로 10시간 이상을 갑니다. 기차가 시속 60km 정도로 느리긴 하지만 한번은 타볼만 했습니다. 기차는 보통 좌석이 4가지가 있는데 일반좌석, 고급좌석, 6인 침대실 그리고 4인 침대실. 베트남 철도청으로 들어가면 영어로도 가능하고 좌석 예약 및 지불까지 가능합니다.

동행했던 사람은 그래도 우리 KTX보다 낫다고 평하네요. KTX, 그 좁은 좌석 때문에 저도 동감.

널찍하고 길게 늘어져 있는, 해운대보다 훨씬 크고 긴 해변. 그런데 거기엔 2백만이 아닌 딱 20명이 있더군요. 해변 모래 바로 옆 초가지붕 아래서 즐기는 게와 가재 요리는 인당 5만원밖에 안 합니다.

아름답고 공해 한 점 없는 공기를 숨 쉬는, 깨끗할 수밖에 없는 이 동네 사람들. 전 여기를 베트남 최고의 명소, 아니 세계적인 명소로 꼽고 싶습니다.

3~40분 거리에는 세계문화재단에 등록된 50여 개의 석회 동굴이 있다고 하네요. 그중 7개가 개방되어 있는데 일반인에게는 단지 4개만 개방되어 있습니다. 나머지는 탐험가들에게 비싼 돈을 받고 입장 시키는데 헬멧에, 특수 등산 장비에, 수영도 하고, 카약도 하고, 등반도 하고, 진흙탕도 건너야 하는 동굴들이라고 합니다. 이미 1년분이 예약되어 있다고 하네요. 비용은 일주일에 미화 3,000불가량으로 엄청 비싸죠. 안내도 필요하고 의무진도 동행하니까 그런가 봐요.

개방된 4개의 동굴도 대략 총 길이 30km 중에서 일반인에게는 오직 1km만 개방되어 있더군요. 그 1km만 들어가도 수없이 많은, 화려한 지하 궁전들로 가득가득하니 감탄이 절로 나옵니다. 넓이, 높이 100m 정도로 너무 커서 우리나라 동굴들을 모두 합쳐야 여기 하나 정도나 될까요? 어떤 동굴은 보트를 타고 배로 들어가서 내리면 한참을 다시 걸어 나오면서 감상하는 곳도 있습니다.

북위 17도선에 있는 '동허이'란 도시도 정갈하게 가꾸어져서 가로수도 아름답고 거리도 깨끗해요. 강변의 공원은 저녁마다 시민들이 나와서 산책하기 좋은 장소입니다. 이상하게도 느낌에 여기 사람들이 모두 예쁘고 잘생긴 거 같은데, 아마도 환경이 깨끗해서 그럴 겁니다.

퐁냐케방 내부

동허이 비치
피폭현장
고기잡이
석회 동굴촌

PHONG NHA-KE BANG

40년 전만 해도 전쟁으로 고생하고 있었을 텐데. 이런 아름다운 곳과 전쟁, 상상하기 어렵네요. 공원 가운데 베트남 전쟁 시 폭격으로 거의 파괴된 교회의 종탑만 덩그러니 남아 그때 소식을 전하고 있습니다.

강에는 아주 커다란 그물을 쳐 놓았는데, 한참을 보니까 그게 물속으로 가라앉더군요. 좀 있다가 한쪽 줄을 당기면 지탱하던 나무들이 모두 세워지면서 그물 전체가 물 위로 올라와요. 이 낚시 법은 구조적으로 머릴 많이 써서 만들어 놓은 방법이라서 한번 배워서 써먹을 만합니다.

우리가 묵은 호텔 겸 카페는 얼마나 예쁘게 꾸며 놨는지 온종일 사람들이 붐벼요. 위치도 강변 공원 바로 맞은편이라서 좋았던 것 같고요.
무엇보다 젊은 직원들이 웃으면서 친절하게 대해주는데 기분이 좋아질 수밖에 없었지요.

,동허이, 달랏, 까오방, 사파, 디엔비엔푸, 하장, 나짱, 다낭, 호이안, 후예, 무이네, 붕따오 등등 무수한 관광지들. 베트남에 연간 30% 이상 외국인 관광객이 증가하는 이유가 충분하고 수년 후 연간 5천만 명 돌파 예상합니다.

여기 소득 수준은 모르지만, 행복지수로는 한국보다 네 곱절은 높을 거라고 생각됩니다. 굶어 죽는 사람 없고 거리에서 뒹구는 사람들도 없고, 사기 치거나 빼앗는 사람들도 없고.

삶의 무게에 짓눌리지 않는 나라, 베트남. 베트남을 도와주러 왔는데… 우리보다 3~40년 뒤떨어져 있는 줄 알았는데…. 알고 보니까 3~40년 후 과연 우리가 지금의 베트남만큼이나 행복해 질 수 있을까 오히려 걱정됩니다.

띵 비엣

▌ 여기 베트남에 살면서 가장 불편하게 느끼는 점은 언어입니다.

처음엔 오자마자 열심히 해보려고 벽마다 노란 스티커에 단어와 숙어를 써 붙였었는데, 좀 시간이 지나면 되겠지 했었는데 지금은 '이렇게 다를 수가 없구나.' 하고 느끼는 중입니다.

샤브샤브를 '로우'라고 하는데 수십 번 따라 해도 발음이 틀렸다는 겁니다. 쌀국수 '포'를 달라고 하는데 수십 번 해도 알아듣지 못하는 거예요. 어떤 동네 이름은 아직도 안 됩니다. 아마 영원히 안 될 것 같더군요.

여기에서 단어 수백 개 알아도 소용없는 이유가 바로 이 발음 때문입니다. 베트남어를 배우려는 사람들은 단어보다는 차라리 한 페이지라도 제대로 읽는 발음 연습이 필요할 겁니다. 저도 딱 1페이지를 수없이 따라 하는데도 제대로 읽지를 못하는데 방법이 없지요.

여기 글자들, 특히 모음은 삿갓도 쓰고, 뒤집어도 쓰고, 번개 표도 있고, 점도 있고, 물음표도 있고, 모음이 매우 발달했습니다.

우리처럼 'ㅓ'도 있고 'ㅡ'도 있고, 또 '아'와 '어'의 중간발음도 있고. '아' 도 긴 것과 짧은 것이 다르고, 게다가 성조가 있어서 제대로 읽으려면 한 세월입니다.

여기 글자를 표시하는 부호는 바구니에 삿갓에 귀 모양 표시. 'A'만해 도 바구니 쓴 A, 삿갓 쓴 A까지 총 3개에다가 성조는 6가지인데 오르고, 내리고, 물음표에 물결, 그리고 밑에 찍는 방점까지 총 6개 있으니까 곱하면 총 18개. 즉, A 하나를 가지고 18개의 다른 발음을 내야 하는 건데 정말 가능한 일일까요?

'O'도 3개, 'E'와 'U'는 2개, 게다가 'I'와 'Y'까지 모음이니까 총 12개의 모음. 여기에 6개 성조를 곱하면 무려 72가지의 모음이 나오게 됩니다. 복모음을 빼고도.

자음도 영어식으로 읽다간 큰 낭패입니다. 여기 문자는 먼저 자음이 영어에서 4개나 빠집니다. 'F', 'J', 'W', 'Z'가 없죠. 대신 'D'는 두 개입니다. 작대기 있는 D와 작대기가 없는 D, 'D'도 ㅈ 발음입니다. 대신 'D'

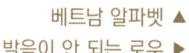

a ă â b c d đ e
ê g h i k l m n
o ô ơ p q r s t
u ư v x y

베트남 알파벳 ▲
발음이 안 되는 로우 ▶

에 가운데 줄이 있으면 'ㄷ'발음. 'R'도 'ㅈ'발음. 'T'는 'ㄸ'이고 'TH'가 'ㅌ' 발음이 되고요. 'TR'은 'ㅉ'발음이 나요. 그래서 'Natrang'은 '나트랑'이라고 하면 안 되고 '나짱'이라고 해야 하는 거죠. 격음이 많은 편이지요. 'C'도 'ㄲ'. 그래서 '머리 깍다'의 'CAC'가 '깍'으로 발음됩니다.

무엇보다 가장 어려운 발음은 'NG'발음입니다. 'NGUYEN'이라고 하면 '응엔'인지 '구엔'인지 우리는 평생 걸려도 아마 정확히 발음하기 힘들다고 봅니다. 그런데 'J'는 아예 베트남 글자에 없고 'ㄹ'발음이 여기 애들은 안되는 겁니다.

알파벳을 쓰니까 쉽게 이해할 수 있을 것으로 보였는데 사실은 전혀 다른 겁니다. 물론 자음발음도 영어와 다릅니다.

그래서인지 여기 사람들이 영어를 잘 못하는데 이유가 똑같은 글자를 두고 자기네와 다르게 발음해서 그런가 봐요.

세계에서 가장 배우기 어려운 말

■ 베트남어는 발음이 너무 어려워서 지금은 주변 한국 사람 중에 누가 베트남어 잘한다고 해도 전 안 믿습니다.

제가 제일 잘하는 베트남 말은 우회전, 좌회전, 정지 3가지입니다. 집엔 가야 하니까. 저희 집 가려면 미딩에 있는 K-Market으로 가야 하는데 지금까지는 택시 운전사에게 '케이 마켓' 그러면서 다녔는데 뭐가 좀 이상하더라고요.

근데 최근에 와서야 알았습니다. '케이 마켓'이 아니고 '까-막'이란 걸. 읽는 게 다르니까 알파벳부터 제대로 읽었어야 하는 거였죠.

예전에 말레이시아에서는 모든 사람들이 성이 없는 걸 보고 놀라고 신기한 적이 있었어요. 한국 사람들이 말레이시아 사람들에게 이름 맨 뒤에 있는 걸 부르면 왜 자꾸 아버지 이름을 부르냐고 투정했었는데….

여긴 또 달라요. 성은 있는데 성을 부르면 안 됩니다. 이름의 마지막 단어를 부릅니다. 그리고 우리처럼 성을 뒤로 바꾸어 쓰는 사람도 없습니다. 그래서 우리가 명함을 적을 때 한국식으로 성을 앞에 두면 베트남에선 맨 뒤를 부르니까 잘 생각해서 준비하시기 바랍니다.

여기 사람들 보통은 다짜고짜 나이를 물어봅니다. 여기선 실례가 아닌가 봐요. 그래야 호칭이 정해지니까 '앙'인지 '엠'인지 '찌'인지. 나이 계산도 우리처럼 1년을 더해서 씁니다. 배 속에 있는 기간을 더해서요. 그래서 저도 처음 보는 다른 부처 여직원에게 나이를 물어본 적이 있었는데 대답을 하지 않더군요.

최근에 저는 베트남 주요 단어들을 우리가 쓰는 단어들과 한번 비교해 봤습니다.

▼ 베트남 글씨 / ▼ 생일 케이크 / ▲ 은행 이름

우리가 쓰는 한자 단어 중 약 60%를 베트남에서도 사용하고 있네요. 어떤 건 글자를 앞뒤 바꾸어서 거꾸로 쓰기도 하지만 일부 속담과 격언도 같이 쓰고 있고요. 좌충우돌, 호사다마, 반신불수 등등 여기도 다 씁니다. 발음이 달라서 그렇지.

그런데 한자 단어를 비교하다가 보니까 그 이유를 알게 되더군요. 우리는 '가'라고 하면 '가'에 해당하는 한자들이 많지요. 10개쯤 되나요? 그런데 베트남에서는 이 10가지를 다르게 표시된 모음과 성조로 구별하는 거죠. 그러니까 우리 '가'에 해당하는 베트남어는 10가지 이상인 겁니다.

말하자면 우린 글자를 단순화한 셈이고 베트남은 하나하나 충실하게 표시한 거지요. 다른 말로 표현하면 모든 한자 글자에 대응하는 베트남어가 하나씩 있는 셈입니다. 그래서 글자들이 복잡해지고 여러 가지 성조가 표시되는 겁니다.

이 부분에서 우린 세종대왕의 한글 창제에 감사해야 할 것 같습니다. 안 그랬다면 모두가 국어 공부에 평생을 보낼 수밖에 없었을지도 모르니까요.

저도 언젠가 우리나라 글자를 조금 개선하면 어떨까 생각했었습니다. 예를 들어 'ㅍ'에 점을 위에 찍어서 'ㅍ'은 영어의 'P', 점찍은 'ㅍ'은 영어의 'F', 또 'ㄹ'도 점을 찍으면 영어의 'L', 아니면 그냥 'R'로 하면 발음이 확실하겠다 싶었지요.

그런데 여기 베트남에서 수많은 점과 부호들을 보고는 그런 생각들이 싹 사라졌습니다. 글자가 많아지면 많아질수록 헷갈리고 복잡해질 수밖에 없다. 결국 장애가 될 것이다.

그러면 그렇지. 어느 자료를 보니까 '세계에서 가장 배우기 어려운 말 탑 5'에 베트남어가 들어가네요. 근데 웬걸. 한국말도 그 톱 5안에 같이 들어가 있다니….

정확한 국호 사용을

■ 베트남이란 말은 '월남'이라는 한자를 그대로 베트남 어로 표현한 말입니다. 경찰을 '깐삭'이라고 말하듯이 똑같은 한자에 대한 발음만 우리와 다른 겁니다. 9200만명이 사는 우리보다 영토가 3배 이상 큰 나라, 인도차이나 동쪽 해변을 차지한 나라. 이 나라의 정식 국명이 베트남, 우리나라 발음으로 표현하면 월남입니다.

1800년 이후 독립 월남이 '남월'이란 국호로 청의 승인을 받으려 하자 '남월'이라고 하면 중국 남부를 모두 포함하는 영역이 넓어지는 의미가 있다고 해서 글자 앞뒤를 바꾸어서 '월남'이란 이름으로 재가를 했다고 합니다. 이후 계속해서 한자로는 월남, 즉 '베트남'으로 불리고 있습니다.

그런데 가끔 우리나라 신문에 '월남 패망'이란 단어가 나와서 흠칫 놀라곤 합니다. 월남이라면 베트남을 뜻하는데 지금 엄연히 잘 나가는 나라를 두고 웬 패망? 과거 베트남 전쟁을 두고 잘못된 이해에서 비롯한 것 같은데 정확히 알고 써야 합니다.

베트남 전쟁 시 우리가 북쪽을 '월맹', 남쪽을 '월남'이라고 부른 데서 기인한 것 같습니다. 하지만 '월맹'이란 나라는 원래 없었습니다. 우리가 만들어 붙인 이름일 뿐. 북은 '베트남 민주공화국', 남은 '베트남 공화국'이 정식 명칭이었습니다. 굳이 부른다면 북쪽을 '북베트남', 그리고 남쪽을 '남베트남'이라고 불러야 옳겠지요.

물론 여기에서 북베트남이 원래의 베트남이고 남쪽은 친미 정책의 괴뢰정권이었겠죠. 그러니 '월남의 패망'이 아닌 남베트남, 아니면 '남월남의 패망'인 거고, 아니면 '베트남(월남)의 남쪽 괴뢰정부의 패망'이라고 해야 할 겁니다.

'베트콩'은 베트남과 공산당을 합친 단어로 당시에 남베트남에 있는 해방 전선, 즉 남쪽의 공산 게릴라를 부르는 호칭이었습니다.

베트남, 즉 월남은 우리보다도 오랜 반만년의 역사를 가지고 있고 서기 939년 중국을 물리치면서 다시 독립했습니다. 여기에도 이순신 장군 같은 영웅과 유명한 해전이 나옵니다. 강 속에 말뚝을 박아서 중국군을 침몰시켰다는 군요. 이때가 우리 고려의 강감찬 장군이 활약하기 조금 전의 일이지요.

그리곤 19세기 프랑스 점령하에 들어가고 2차 세계 대전 때 일본의 지배를 잠시 받았지만, 1954년 프랑스라는 제국주의를 오랜 독립 전쟁을 통하여 물리친 나라이고, 1976년에는 통일전쟁을 통하여 역시 미국을 물리친, 강대국들을 자력으로 물리친 전 세계에서 유일한 나라입니다.

프랑스와의 전쟁에서 이기고도 열강들이 17도선을 기준으로 남북으로 나누는 바람에 우리처럼 분단의 고통을 겪은 나라이기도 합니다.

당시 남쪽의 베트남 공화국, 즉 남베트남은 그 이후 혁명과 3차례의 쿠데타, 토지개혁 실패, 종교탄압과 정치범들에 대한 종북몰이로 결국 민심이 이탈하고 자멸한 나라입니다. 이념은 억지로 분단시킨 강대국들의 구실이었고요.

쌀도 2~3모작으로 풍부하고 커피도 풍부하고, 자원도 있을 만큼은 있고 온갖 과일에 온화한 날씨로 굶어 죽을 일은 없습니다. 기나긴 해변으로, 또 다양한 음식으로 관광객도 몰려들고 있고 프랑스 영향으로 빵이 특히 맛있고, 서구화된 생활 풍습으로 사회 문화는 우리보다도 오히려 합리적인 편이며 독립, 자유, 그리고 행복을 국시로 삼고 있는 행복한 나라 상위권의 나라입니다.

엄연히 자랑스러운 통일국가 베트남, 월남. 현재 우리나라의 수출 제2~3위 국가이기도 하구요. 한국교민도 이미 20만명 정도로 최근엔 거의 몰려드는 추세입니다.

우리나라는 과거 참전에 대한 사과와 배상도 철저히 고려해야 하고
강대국 중국에 대한 공동 전선을 위한 전략적 동반관계를 넘어선 통합
관계로 발전도 가능한 나라. 새로운 시장으로, 새로운 생산기지로 부상
하는 나라. 우리완 반대로 혈기 왕성한 젊은이들이 많은 나라. 젓가락
부터 제사, 음식까지 문화가 비슷한 나라. 더구나 최근엔 외모도 알아
보기 힘들 정도로 비슷해지고 있는 나라. 베트남, 월남은 어쩌면 우리
가 부러워해야 할 나라로 자리매김할지도 모릅니다.

◀ 시내 광장

우리 같은 독도 문제가

■ 최근 일본은 교과서에 독도를 자기 영토라고 주장하는 내용을 담았다고 합니다. 아직도 제국주의의 망령에서 벗어나지 못하는 일본. 너무나 서글픈 일인데, 이 문제 대선후보 토론으로 다루어지지 않아서 안타깝네요.

오늘 신문에 독일에서 베트남인들이 중국에 항의하는 시위가 보도되었습니다. 여기 베트남도 새로운 제국주의 중국에 힘들어하고 있는데 베트남 동쪽, 즉 중국의 남쪽에 있는 두 개의 섬, 아니 섬 군단을 중국이 점령한 겁니다. 하나는 '황사 군도', 그 밑의 다른 하나는 '쯩사 군도'입니다.

황사 군도, 다른 말로 '파라셀 군도'라고 불리는 섬 군단은 국제 재판소에서 '암초'라고 규정하는 총 약 30여 개의 섬으로 구성되어 있는데 베트남 전쟁 중인 1974년에 중국이 슬쩍 들어와서 점령하고는 한 군데에 대규모 준설 공사로 대형 활주로를 만들었다고 합니다.

황사 군도 밑에 있는 쯩사 군도, 다른 말로는 '스프래틀리 군도'는 상황이 더합니다. 1988년에 베트남 물자 수송선을 격침시키고 64명을 죽이고는 지금까지 점령하고 자기네 섬이라고 주장하고 있다고 합니다. 이 섬은 무려 750여 개 섬들로 구성된 대규모 제도입니다.

두 개 군도 모두 주변의 광대한 지하자원이 무궁무진하게 있다고 하고, 또 해상 교통에도 주요 통로일 뿐 아니라 군사적 요충지이기도 합니다. 중국의 힘에 당장 대응하진 못하지만 국민들 감정은 우리가 일본을 대하는 것과 똑같습니다.

이에 대해 베트남 정부가 대처하는 요령 중의 하나가 특기할 만합니다. 베트남 모든 지도에는 황사와 쯩사가 베트남 영토로 표시되어 있어야만 합니다. 베트남 내에서 발행되는 지도뿐 아니라 해외에서 반입되는 지도에도 그렇게 표시되어야만 합니다.

저는 한국에서 다이어리를 받아쓰고자 들여온 적이 있습니다. 그런데 세관에서 통관이 안 되어 알아보니까 그 다이어리에 붙어있는 지도에 황사 쯩사가 베트남령으로 표시되어 있지 않은 게 문제란 겁니다. 결국 다이어리의 지도를 모두 뜯어버리고 돌려받은 적이 있습니다.

하여튼 우편 검열은 좀 심한 편인데 저는 한 번도 집에서 우편물을 받아본 적이 없습니다. 우편함은 아예 열리지도 않고 택배는 가능하지만, 일반 우편사정은 좀 그렇습니다.

아무튼 사무실에 걸려있는 지도도 베트남 내륙의 영토만 표시된 게 아니라 커다란 동쪽 바다, 거기에 황사 군도와 쯩사 군도가 표시된 지도가 걸립니다. 중국의 힘에 눌려 실효 지배조차 빼앗긴 상태지만 모두 베트남 영토라고 확실히 표시된 지도만을 사용하고 있습니다.

우리 독도는 한반도에서 동쪽으로 멀리 떨어져 있죠. 울릉도에서도 멀어요. 그래서 가끔은 지도상에서 독도를 빼거나 축약해서 울릉도 옆에 붙이는 경우가 있는데 반드시 원래 거리 그대로 표시된 독도 포함 지도를 사용해야 합니다.

구글 지도에서는 독도가 사라졌더군요. 우리도 국내 모든 책자나 지도, 해외에서 반입되는 모든 책자나 지도상에 반드시 독도가 축약없이 제대로 표시된 지도만 반입할 수 있고 사용하도록 규정해야 할 것 같습니다.

베트남에서 보는 「태양의 후예」

　　　📑 여기 베트남도 드라마 「태양의 후예」가 인기입니다. 저도 현지 직원들이 얘기하는 바람에 그 드라마를 알게 되었으니까요. 여기서는 거의 실시간으로 「태양의 후예」를 보고 있는 젊은 애청자들이 많고 거의 매일 송중기가 화제로 등장할 정도였습니다.

　　현재 한국은 베트남에게 가장 투자를 많이 하는 국가이며, 특히 삼성의 수출 기여도가 높아서 국가 경제 발전에 이바지하고 있어서인지 한국에 대한 인식은 매우 좋은 편입니다. 또한, 하노이 지역은 한국과 음식, 문화가 아주 비슷하고 심지어 한국 사람과 베트남 사람을 구별하기 어려운 경우도 많습니다.

　　제가 보는 견지에서는 세계 어느 나라보다 우리에게 호감을 갖고 있는 나라이며 세계 어느 나라보다 우리와 비슷한 나라라고 단언하고 싶습니다.

▲ 전승비

▲ 중국과의 해전 역사

전쟁박물관

교역 파트너로서 베트남은 인구 1억가량의 시장이고 연간 6~7%의 성장이 기대되는 시장이며 미국 진출의 교두보, 그리고 인건비 절감의 파트너로도 중요한 상대입니다.

안보 면에서도 지리적으로 우리와는 절대로 적이 될 수 없는 국가이자, 어쩌면 중국과 일본에 공동 대응해 나갈 수 있는 파트너이기도 합니다. 우리와 베트남 양국 관계는 동반자 이상의, 누구보다 중요한 긴밀한 관계가 될 수 있다고 봅니다.

하지만 현재 무역 역조가 너무 심해서 문제점으로 대두할 가능성이 많습니다. 우리 정부가 이 문제에 대하여 지금부터라도 장기적인 대책을 마련해 나가야 할 텐데… 이런 기대 너무 큰 건가요?

베트남 신부를 데려다가 종처럼 부리고 베트남 노무자들 채용해서 월급도 제대로 안 주고, 인간 이하로 대접하기도 하는 그런 일들도 없지 않지요? 여기 사람들, 많은 한국 사람들이 다혈질이고 이해관계에 민감한 성향이라는 점 이미 거의 다 파악하고 있습니다.

「태양의 후예」로 인하여 베트남의 한 기자가 페이스북에 올린 내용은 베트남전 당시 민간인 학살을 저질렀던 한국군, 한국의 일본과의 과거사 문제, 한국 내에서 있었던 '제주 4.3'과 '노근리 학살', 2015년 베트남 민간인 학살 생존자 방한과 한국 참전 군인들의 항의 시위, 한국 전역에 있는 베트남전 참전기념비 등의 내용을 폭넓게 다루면서 아직도 공식 사과를 하지 않는 한국 정부를 비난하고, 그러면서 한국은 일본에 사과를 요구하고 있다는 점에 일침을 놓았습니다.

"누가 한국 방송에서 일본군을 찬양하는 드라마가 방영되는 것을 생각이나 할 수 있겠는가? … 우리는 미국이 베트남 전쟁의 주모자이며 진정한 원수라는 … 하지만 한국군은 단순한 용병이 아니라 한 국가의 군대였다. 박정희는 50,000명 이상의 병사를 보냈고, 미군의 뒤에 있었던 것이다. 베트남에서 한국군은 독립된 지휘권이 있었으며 누구의 지휘 아래에도 있지 않았다. 비록 한국군이 베트남에 동맹국의 자격으로 왔더라도 민간인 학살은 부끄러운 일이며 전 세계 어떤 군대의 경우라도 그것은 죄악이다."

아직도 많은 한국 사람들이 베트남을 그저 우리나라의 70년대나 80

년대쯤으로 생각하며 국민소득 5,000불도 안 되는 못사는 나라의 사람이라고 생각한다면 오산입니다. 여기도 비싼 외제 차들 많이 팔리고, 과외하는 애들도 많고, 해마다 세계 여행 다니는 사람들도 많이 있습니다.

오히려 여긴 우리보다 훨씬 더 풍부한 식량을 생산하며, 자원도 우리보다 많고, 땅도 넓으며, 사람들도 부지런하고, 특히 분단의 아픔이나 전쟁의 위험에 직면하고 있지 않습니다. 나아가 빈부 간 남녀 간의 격차가 우리보단 덜하고, 범죄가 많지 않고, 누구든 먹고사는 데는 지장이 없는 나라입니다.

4대 강국이 항상 우리 편에 있지만은 않을 거라면, 어쩌면 우리는 베트남과 같은 우방을 가장 중요한 동맹국으로 관계를 강화해 나가야 할 것으로 생각합니다. 그리고 어서 정부 간 협상으로 공식으로 사과하여 지나간 우리의 잘못을 해결하는 것만이 앞으로 관계를 더욱 발전시켜 나가는 계기가 될 거라고 봅니다.

물론 사과한다고 과거가 없어지는 건 아니지만 전화위복의 계기로 삼을 수는 있겠죠. 어쩌면 우리가 일본에게 사과는 이렇게 하는 거라고 가르쳐 주는 기회로 삼을 수도 있겠네요.

2050년 수출대국 전망

▌ 베트남 신문에 나온 기사인데 한국에는 소개됐는지 모르겠습니다. 영국 '옥스퍼드 이코노믹스'라는 기관에서 발표한 내용인데요. 2050년에 그러니까 약 30년 후의 세계 수출을 전망한 자료입니다.

베트남이 10대 무역대국의 10위로 올라선다는 내용이더군요. 현재 연간 미화 1,600억 수출 규모에서 10배가량 늘어난 1조 3,437억 규모로 커진다는 내용입니다. 현재의 추세로 본다면 충분히 예상 가능한 순위일 것 같습니다.

그런데 또 하나 고무적인 소식은 한국도 당당히 4위로 오른다는 내용입니다. 중국 미국 독일에 이어서 말이죠. 일본은 8위로, 인도 멕시코가 우리 뒤를 잇고 있네요. 우리나라 수출이 무려 3조 6000억 불로 된다니, 와 정말 어마어마한 금액이네요.

하노이 시내 전경

  알고 보면 베트남은 우리보다 대단한 역사가 있는 나라입니다. 과거 몽골과 프랑스, 미국을 물리친 경험이 있고요, 베트남 종전으로 키신저와 공동으로 수여된 노벨 평화상도 레둑토 외무장관이 거절했습니다.

  그 외에도 베트남은 응바오쩌우 교수가 수학의 노벨상으로 불리는 필즈상을 받았지요. 물론 미국 시카고대 교수고 프랑스 유학파이긴 하지만. 일본도 3번이나 수상했고 우리는 아직 못 가본 상이라고 하네요.

  매번 강조하듯이 베트남, 특히 하노이 사람들은 한국 사람과 매우 유사합니다. 중국, 일본 사람과는 구별되어도 일부 베트남 사람들과는 얼굴 구별도 잘 안 가고요. 젓가락을 써서인지 손재주도 비상합니다. 태국, 말레이시아 등 다른 동남아와는 비교가 안 됩니다.

일본이 지어준
하노이 신공항청사와 다리

　더구나 여기는 중국, 일본보다 한국 사람을 더 좋아해서 아주 좋은 여건이지요. 중국과 영해 마찰이 있고 역사적인 원한이 있어서 우리와 더 친하게 될 수 있고, 과거 한국의 참전을 할 수 없이 용병으로 도와 준 걸로 이해도 해주고 있습니다.

　그래서인지 태국에는 자동차 몇 대 팔지도 못하지만 여긴 상위권에 있습니다. 그래도 도요타, 혼다보다 한국차량의 판매가 적다는 건 안타깝네요.

　우리 정부와 기업도 좀 더 치밀한 전략으로 부지런히 하나하나 개선해 나가야 할 것 같네요. 그러지 않으면 앞서 말씀드린 옥스퍼드 이코노믹스의 발표는 꿈으로 그치고 말겠지요.

우리와 다른 권력분산 제도

여기서는 먼저 공산당 조직이 가장 우위에 있습니다. 그러니까 공산당 서기장이 가장 높은 지위에 있고 그다음이 대통령, 총리, 의장 그렇게 됩니다. 서기장이 대통령, 총리, 의장 등을 선임한다고 보면 될 겁니다. 지방 각 성에서도 성장보다 지방 당서기장의 서열이 높게 되겠습니다.

공산당은 총 300만 이상의 당원이 있다고 하며 당원이 되는 게 쉽지 않습니다. 주위에 똑똑한 친구들에게 입당 권유하고 입당한다면 인민을 위한 서약을 한다고 합니다. 그리곤 출세가 보장되는 셈이고요. 여기선 당원이면 엘리트로 간주합니다.

5년마다 당 대회가 열리고 공산당 내에선 중앙위원이 핵심 요직인데 거긴 180명, 후보 20명 포함 총 200명이 됩니다. 여기엔 장관들과 일부 차관, 각 성의 서기장이나 일부 성장 등이 포함되겠죠.

그리곤 중앙위원 중 정치국원 19명이 선발됩니다. 이건 정말 핵심 중의 핵심이 되는데, 여기엔 중앙당 서기장, 대통령, 총리, 의장, 일부 부총리와 국방장관, 공안장관 등이 있습니다. 그리곤 당내 핵심 인사들, 그러니까 조직부, 선전부, 감찰국 등 요직 인사들이 차지합니다. 하노이와 호찌민 서기장도 여기 정치국원에 포함되지만 일부 부총리와 다른 장관들도 못 끼더군요.

지금은 중앙당 서기장이 연임, 공안부 장관이 대통령, 부총리가 총리, 부의장이 의장(여성)으로 되었지요. 하노이 서기장도 부총리 지낸 사람이, 호찌민 서기장은 교통부 장관이 되었네요.

여기 우리하고 다른 점은 권력이 분산되어 있다는 겁니다. 인민위원장, 대통령, 총리와 국회의장. 대통령이 뭐든 다 하는 게 아닙니다. 대통령은 국가원수, 군 통수권자, 총리, 부주석, 법원장 등 주요 보직 임명권, 그리곤 전쟁 선포, 비상사태 선포, 특사 등의 권한만 제한적으로 갖고 있습니다. 북한처럼 국방위원회가 막강한 힘을 행사하는 건 오히려 기형적인 제도일 겁니다.

나머지는 총리가 갖는 셈인데 총리는 우리처럼 1년짜리 허수아비가 아니고 5년이 보장되어 있습니다. 부총리 5명에 21명의 장관. 모두 5년

임기는 보장되어 있습니다. 부서마다 4~5명의 차관이 있는데 모두 임기는 보장되는 셈입니다.

여긴 또 상향 평가제도가 있습니다. 기관마다 하위 직급들에게 신임 여부를 묻고 통과하지 못하면 해고됩니다. 직원들 승진 인사도 윗사람이 그냥 맘대로 정하는 게 아니라 전 직원의 토론으로 잘잘못을 따지고 정해집니다.

이 제도의 단점은 의사결정 과정이 복잡해서 우리처럼 과감히 밀고 나가는 추진력이 부족합니다. 그리고 신선한 인물의 발탁이나 새로운 아이디어가 적용되는 건 힘들다고 보입니다.

여기 한국 사람들은 베트남 사람들 태도가 불손하다고 가끔 그러기도 해요. 바로 그런 모습, 너무 비굴한 모습들을 보이지는 않으니까요. 노예근성을 가장 금기시하는 마르크스 철학을 배워서 그럴지도 모릅니다. 반면 우리는 강력한 권력집중으로 우리가 한강의 기적을 이루었다고 볼 수도 있습니다. 이것저것 안 따지고 무조건 열심히 일사불란하게 부지런히 일해 왔으니까요.

아이러니하게도 우리 민주주의는 권력집중. 베트남 같은 공산주의는 권력분산으로 느껴지네요.

희망의 나라, 베트남 속으로

■ 베트남은 우리와 너무 흡사합니다. 구내식당에서 감자찌개, 두부찌개, 호박찌개를 먹으면 집에서 먹는 것 같은 느낌이었습니다. 거기에 빨간 고춧가루만 치면 영락없이 한국 음식이 됩니다. 그래서인지 우리와 생김새도 비슷하고 생각도 비슷하고 행동도 비슷합니다.

우리나라 사람들처럼 베트남 사람들도 매우 영리하고 부지런하며 재주가 좋습니다. 다른 동남아, 중국 사람과는 확연히 다릅니다. 언어가 아주 다르던데 알고 보니까 발음만 조금 다를 뿐 천 개 이상의 단어를 똑같이 쓰고 있는 겁니다.

굳이 다른 점이 있다면, 역사적인 이유로 베트남은 서양식의 합리적 사고와 평등한 인간 사상을 바탕으로 하고 있다는 점입니다. 바로 이 점이 프랑스와 미국의 침략을 물리친 원동력이었다고 생각합니다.

이미 우리보다 행복한 나라라고 보아도 큰 무리는 아니지만 지금도 건실한 성장이 예상되는 상위권에 있으며 나름대로 풍부한 관광자원, 식량자원 그리고 넘쳐나는 젊음은 앞으로의 성장을 예고하고 있습니다.

비록 우리와는 반세기 전에 악연이 있긴 하지만, 다행히도 크게 문제 삼지 않고 넘어가는 아량 덕분에 베트남의 호감을 유지하고 있습니다.

우리와 절대로 적이 될 수 없는 나라 베트남은 경제 이외에도 문화, 심지어 안보 면에서도 우리와 매우 좋은 협력 파트너가 될 수 있습니다. 지금 우리는 가장 많은 투자를 하는 나라이긴 하지만 너무 일방적인 무역 흑자를 기록하고 있어서 장기적 관계를 해할까 걱정도 됩니다.

우리는 베트남 전쟁피해 보상을 역지사지의 기회로 이용하여 더욱 치밀하고 전략적인 접근과 투자가 필요합니다. 수많은 사회 인프라 건설과 식량자원 확보를 위하여 국가적인 대책을 수립해야 할 단계입니다.

나아가 우리 실버 층과 베트남 젊은 층이 서로 보완할 수 있도록 방안을 생각해야 합니다. 따뜻한 남쪽에서 우리 실버들이 노후를 보낼 수 있고 많은 젊은이들이 저가의 인건비로 우리 산업에 이바지할 수 있다면 상호 도움이 되는 전략이 될 것입니다.

우리의 자금력과 품질개량, 산업기술을 활용하여 베트남의 여유 있

는 토지, 따뜻한 기후, 그리고 저렴하고 우수한 젊은 인력을 활용한다면 시장도 넓어지고 투자기회도 많아지며 일자리도 늘어날 것이며 안전한 식량을 안정적으로 공급 받을 수 있는 기회가 되기도 할 것입니다.

베트남을 단순한 국외 시장으로만 여기지 말고 대한민국의 통합적 협력 파트너로 발전시켜야 합니다. 다만 상대를 무시하거나 조롱하는 태도를 보이지 않는다면 양국의 관계는 무궁무진한 발전 가능성이 있다고 해도 과언이 아닙니다.

희망찬 대한민국의 미래를 위한 기회가 여기 베트남에 있습니다.

주요 한자 단어
한베 발음 비교표

So sánh phát âm: Từ Hàn-Việt

* 표시는 글자의 앞뒤 순서가 바뀌는 경우이며,
한자 단어의 의미가 우리와 다른 경우도 있음.

Dấu * hiển thị biện pháp đảo từ được sử dụng trong tiếng Việt.
Dựa vào ngữ cảnh, nghĩa của từ Hàn và Việt có chút khác nhau.

가곡	歌曲	ca khúc	감정	感情	cảm tình
가공	加工	gia công	감찰	監察	giám sát
가능	可能	khả năng	감촉	感觸	cảm xúc
가사	歌詞	ca từ	감탄	感歎	cảm thán
가수	歌手(士)	ca sĩ	강당	講堂	giảng đường
가요	歌謠	ca dao	강산	江山	giang sơn
가입	加入	gia nhập	강연	講演	diễn giảng *
가정	家庭	gia đình	강제	强制	cưỡng chế
가정	假定	giả định	개념	概念	khái niệm
가족	家族	gia tộc	개량	改良	cải lương
가치	價值	giá trị	개막	開幕	khai mạc
간단	簡單	đơn giản *	개별	個別	cá biệt
간략	簡略	giản lược	개선	改善	cải thiện
간부	幹部	cán bộ	개성	個性	cá tính
간섭	干涉	can thiệp	개업	開業	khởi nghiệp
간이	簡易	giản dị	개인	個人	cá nhân
간접	間接	gián tiếp	개정	改正	cải chính
갈망	渴望	khát vọng	개조	改造	cải tạo
감가	減價	giảm giá	개척	開拓	khai thác
감각	感覺	cảm giác	개혁	改革	cải cách
감격	感激	cảm kích	객관	客觀	khách quan
감독	監督	giám đốc	객차	客車	xe khách *
감동	感動	cảm động	거동	擧動	cử động
감사	感謝	cảm tạ	거절	拒絕	cự tuyệt
감상	感想	cảm tưởng	거주	居住	cư trú
감소	減少	giảm thiểu	거처	居處	cư xử
감시	監視	giám thị	건의	建議	kiến nghị

건축	建築	kiến trúc	경제	經濟	kinh tế
걸작	傑作	kiệt tác	경찰	警察	cảnh sát
검사	檢查	kiểm tra	경향	傾向	khuynh hướng
검열	檢閱	kiểm duyệt	경험	經驗	kinh nghiệm
격리	隔離	cách ly	계급	階級	giai cấp
견고	堅固	kiên cố	계산	計算	kế toán
견지	堅持	kiên trì	계속	繼續	kế tục
결과	結果	kết quả	계승	繼承	kế thừa
결국	結局	kết cục	계약	契約	khế ước
결단	決斷	quyết đoán	계통	系統	hệ thống
결렬	決裂	quyết liệt	계획	計劃	kế hoạch
결산	決算	quyết toán	고가	高價	giá cao *
결승	決勝	quyết thắng	고급	高級	cao cấp
결심	決心	quyết tâm	고독	孤獨	cô độc
결점	缺點	khuyết điểm	고립	孤立	cô lập
결정	決定	quyết định	고무	鼓舞	cổ vũ
결함	缺陷	khuyết điểm	고상	高尚	cao thượng
결혼	結婚	kết·hôn	고속	高速	cao tốc
겸손	謙遜	khiêm tốn	고수	高手	cao thủ
겸양	謙讓	khiêm nhường	고심	苦心	khổ tâm
경고	警告	cảnh cáo	고의	故意	cố ý
경비	經費	kinh phí	고집	固執	cố chấp
경솔	輕率	khinh suất	고향	故鄉	cố hương
경영	經營	kinh doanh	곤충	昆蟲	côn trùng
경우	境遇	cảnh ngộ	공간	空間	không gian
경작	耕作	canh tác	공개	公開	công khai
경쟁	競爭	cạnh tranh	공격	攻擊	công kích

공경	恭敬	cung kính	과	果	quả
공공	公共	công cộng	과감	果敢	quả cảm
공구	工具	công cụ	과거	過去	quá khứ
공군	空軍	không quân	과실	果實	quả thực
공급	供給	cung cấp	과연	果然	quả nhiên
공기	空氣	không khí	과장	誇張	khoa trương
공단	工團	công đoàn	과정	過程	quá trình
공동	共同	cộng đồng	과학	科學	khoa học
공로	功勞	công lao	관계	關係	quan hệ
공룡	恐龍	khủng long	관료	官僚	quan liêu
공무	公務	công vụ	관리	管理	quản lý
공문	公文	công văn	관심	關心	quan tâm
공사	公司	công ty	관용	寬容	khoan dung
공산	共産	cộng sản	관찰	觀察	quan sát
공식	公式	công thức	관철	貫徹	quán triệt
공업	工業	công nghiệp	광고	廣告	quảng cáo
공예	工藝	công nghệ	광물	鑛物	khoáng vật
공원	公園	công viên	광산	鑛産(山)	khoáng sản
공익	公益	công ích	광장	廣場	quảng trường
공인	公認	công nhận	괴이	怪異	quái dị
공장	工場	công trường	교류	交流	giao lưu
공정	工程	công trình	교부	交付	giao phó
공증	公證	công chứng	교사	教師	giáo sư
공직	公職	công chức	교역	交易	giao dịch
공포	恐怖	khủng bố	교우	交友	giao hữu
공헌	貢獻	cống hiến	교원	教員	giáo viên
공황	恐惶	khủng hoảng	교육	教育	giáo dục

교장	校長	hiệu trưởng		권투	拳头	quyền anh
교통	交通	giao thông		권한	權限	quyền hạn
교포	僑胞	kiều bào		궤도	軌道	quỹ đạo
구급	救急	cấp cứu *		귀족	貴族	quý tộc
구성	構成	cấu thành		귀중	貴重	quý trọng
구역	區域	khu vực		규모	規模	quy mô
구조	構造	cấu tạo		규범	規範	quy phạm
구조	救助	cứu trợ		규율	規律	quy luật
구주	歐洲	châu âu *		규정	規定	quy định
구타	毆打	ẩu đả		규칙	規則	quy tắc
구호	口號	khẩu hiệu		균형	均衡	hành quân
국가	國家	quốc gia		극단	極端	cực đoan
국경	國慶	quốc khánh		극복	克服	khắc phục
국기	國旗	quốc kì		근거	根據	căn cứ
국방	國防	quốc phòng		근면	勤勉	cần mẫn
국상	國喪	quốc tang		근본	根本	căn bản
국적	國籍	quốc tịch		근신	謹慎	cẩn thận
국제	國際	quốc tế		금기	禁忌	cấm kị
국회	國會	quốc hội		금지	禁止	cấm chỉ
군대	軍隊	quân đội		급성	急性	cấp tính
군도	群島	quần đảo		긍정	肯定	khẳng định
군복	軍服	quân phục		기강	紀綱	kỉ cương
군인	軍人	quân nhân		기계	機械	cơ giới
군중	羣衆	quần chúng		기교	技巧	kĩ xảo
굴복	屈服	khuất phục		기념	紀念	kỉ niệm
권력	權力	quyền lực		기록	記錄	kỉ lục
권리	權利	quyền lợi		기묘	奇妙	kì diệu

기본	基本	cơ bản	남미	南美	nam mĩ
기사	記事	kí sự	남발	濫發	lạm phát
기상	氣象	khí tượng	남부	南部	nam bộ
기숙	寄宿	kí túc	남성	男性	nam tính
기숙사	寄宿舍	kí túc xá	남용	濫用	lạm dụng
기술	技術	kỹ (kĩ) thuật	낭만	浪漫	lãng mạn
기압	氣壓	khí áp	낭비	浪費	lãng phí
기억	記憶	kí ức	내용	內容	nội dung
기업	企業	xí nghiệp	냉담	冷淡	lãnh đạm
기원	紀元	kỷ (ki) nguyên	노동	勞動	lao động
기이	奇異	kỳ dị	노력	努力	nỗ lực
기자	記者	kí giả	노련	老練	lão luyện
기질	氣質	khí chất	노예	奴隷	nô lệ
기초	基礎	cơ sở	논문	論文	luận văn
기한	期限	kì hạn (kỳ hạn)	농림	農林	nông lâm
기호	嗜好	thị hiếu	농산	農産	nông sản
기회	機會	cơ hội	농업	農業	nông nghiệp
기후	氣候	khí hậu	농촌	農村	nông thôn
긴급	緊急	khẩn cấp	뇌	腦	não
긴장	緊張	khẩn trương	누적	累積	tích luỹ *
▶ 나열	羅列	la liệt	능동	能動	năng động
낙관	樂觀	lạc quan	능력	能力	năng lực
낙후	落後	lạc hậu	능률	能率	năng suất
난간	欄杆	lan can	▶ 다양	多樣	đa dạng
난해	難解	nan giải	다정	多情	đa tình
남극	南極	nam cực	단결	團結	đoàn kết
남녀	男女	nam (và) nữ	단독	單獨	đơn độc

단순	單純	đơn thuần	독립	獨立	độc lập
단신	單身	đơn thân	독신	獨身	độc thân
단체	團體	đoàn thể	독자	讀者	độc giả
담보	擔保	đảm bảo	돌격	突擊	đột kích
담소	談笑	đàm tiếu	돌연	突然	đột nhiên
담판	談判	đàm phán	동감	同感	đồng cảm
답안	答案	đáp án	동남아	東南亞	đông nam á
당시	當時	đương thời	동력	動力	động lực
당연	當然	đương nhiên	동맥	動脈	động mạch
대답	對答	đối đáp	동맹	同盟	đồng minh
대립	對立	đối lập	동물	動物	động vật
대사관	大使館	đại sứ quán	동성	同性	đồng tính
대상	對象	đối tượng	동시	同時	đồng thời
대조	對照	đối chiếu	동아	東亞	đông á
대책	對策	đối sách	동양	東洋	đông dương
대칭	對稱	đối xứng	동의	同意	đồng ý
대표	代表	đại biểu	동일	同一	đồng nhất
대학	大學	đại học	동작	動作	động tác
대화	對話	đối thoại	동정	動靜	động tĩnh
대회	大會	đại hội	동정	同情	đồng tình
도	島	đảo	동지	冬至	đông chí
도덕	道德	đạo đức	동지	同志	đồng chí
도시	都市	đô thị	동포	同胞	đồng bào
도안	圖案	đồ án	동행	同行	đồng hành
도읍	都邑	thị trấn	동향	同鄉	đồng hương
도전	挑戰	khiêu chiến	두뇌	頭腦	đầu não
도주	逃走	đào tẩu	두부	豆腐	đậu phụ

등기	登記	đăng kí	목표	目標	mục tiêu
▶ 로정	路程	lộ trình	몰수	沒收	tịch thu
▶ 마귀	魔鬼	ma quỷ	묘사	描寫	miêu tả
만능	萬能	vạn năng	무기	武器	vũ khí
망은	忘恩	vong ân	무력	武力	vũ lực
매개	媒介	môi giới	무역	貿易	mậu dịch
매년	每年	mỗi năm	무익	無益	vô ích
매몰	埋沒	mai một	무장	武裝	vũ trang
매복	埋伏	mai phục	무적	無敵	vô địch
매장	埋葬	mai táng	무죄	無罪	vô tội
맹렬	猛烈	mãnh liệt	무지	無知	vô tri
맹수	猛獸	mãnh thú	무한	無限	vô hạn
면세	免稅	miễn thuế	무해	無害	vô hại
면역	免疫	miễn dịch	무효	無效	vô hiệu
면적	面積	diện tích	문답	問答	vấn đáp
면제	免除	miễn trừ	문묘	文廟	văn miếu
명령	命令	mệnh lệnh	문장	文章	văn chương
명목	名目	danh mục	문제	問題	vấn đề
명민	明敏	minh mẫn	문화	文化	văn hoá
명백	明白	minh bạch	미각	味覺	vị giác
명언	名言	danh ngôn	미국	美國	mỹ (=u.s.a)
명예	名譽	danh dự	미궁	迷宮	mê cung
모방	模倣	mô phỏng	미남	美男	mĩ nam
모순	矛盾	mâu thuẫn	미녀	美女	mĩ nữ
모험	冒險	mạo hiểm	미려	美麗	mĩ lệ
목록	目錄	mục lục	미묘	微妙	vi diệu
목적	目的	mục đích	미술	美術	mỹ thuật

민생	民生	dân sinh		방역	防疫	phòng dịch
민족	民族	dân tộc		방위	防衛	phòng vệ
민주	民主	dân chủ		방침	方針	phương châm
밀도	密度	mật độ		방향	方向	phương hướng
▶ 박사	博士	bác sĩ		배경	背景	bối cảnh
반구	半球	bán cầu		배반	背反	phản bội *
반대	反對	phản đối		배상	賠償	bồi thường
반도	半島	bán đảo		배신	背信	bội tín
반면	反面	phản diện		배양	培養	bồi dưỡng
반박	反駁	phản bác		백과	百科	bách khoa
반사	反射	phản xạ		번민	煩悶	phiền muộn
반영	反映	phản ánh		번역	翻譯	phiên dịch
반응	反應	phản ứng		범위	範圍	phạm vi
반항	反抗	phản kháng		범인	犯人	phạm nhân
발명	發明	phát minh		범죄	犯罪	phạm tội
발생	發生	phát sinh		법률	法律	pháp luật
발언	發言	phát ngôn		변동	變動	biến động
발음	發音	phát âm		변명	辨明	biện minh
발전	發展	phát triển		변방	邊防	biên phòng
발표	發表	phát biểu		변형	變形	biến hình
발휘	發揮	phát huy		변호	辯護	biện hộ
방	房	phòng		병균	病菌	bệnh khuẩn
방관	傍觀	bàng quan		병원	病院	bệnh viện
방문	訪問	phỏng vấn		병환	病患	bệnh hoạn
방법	方法	phương pháp		보고	報告	báo cáo
방안	方案	phương án		보관	保管	bảo quản
방어	防禦	phòng ngự		보급	普及	phổ cập

보답	報答	báo đáp	북경	北京	bắc kinh
보류	保留	bảo lưu	북극	北極	bắc cực
보조	補助	bổ trợ	분노	憤怒	phẫn nộ
보존	保存	bảo tồn	분류	分類	phân loại
보충	補充	bổ sung	분배	分配	phân phối
보통	普通	phổ thông	분별	分別	phân biệt
보편	普遍	phổ biến	분산	分散	phân tán
보험	保險	bảo hiểm	분석	分析	phân tích
보호	保護	bảo hộ	분포	分布	phân bố
복잡	複雜	phức tạp	분해	紛解	phân giải
복장	服裝	trang phục *	불가	不可	bất khả
복종	服從	phục tùng	불교	佛教	phật giáo
본능	本能	bản năng	불리	不利	bất lợi
본색	本色	bản sắc	불만	不滿	bất mãn
본질	本質	bản chất	불안	不安	bất an
봉쇄	封鎖	phong toả	불편	不便	bất tiện
부가	附加	phụ gia	불행	不幸	bất hạnh
부귀	富貴	phú quý	불화	不和	bất hoà
부녀	婦女	phụ nữ	비관	悲觀	bi quan
부대	部隊	bộ đội	비례	比例	tỉ lệ (tỷ lệ)
부동산	不動産	bất động sản	비밀	祕密	bí mật
부득이	不得已	bất đắc dĩ	비상	非常	phi thường
부록	附錄	phụ lục	비준	批准	phê chuẩn
부속	附屬	phụ thuộc	비중	比重	tỷ trọng
부인	否認	phủ nhận	비참	悲慘	bi thảm
부정	否定	phủ định	비천	卑賤	ti tiện
부호	符號	phù hiệu	비판	批判	phê phán

비평	批評	phê bình		상심	傷心	thương tâm
▶ 사건	事件	sự kiện		상업	商業	thương nghiệp
사고	事故	sự cố		상조	相助	tương trợ
사례	謝禮	lễ tạ *		상징	象徵	tượng trưng
사막	沙漠	sa mạc		상쾌	爽快	sảng khoái
사망	死亡	tử vong		상태	狀態	trạng thái
사범	師範	sư phạm		상호	商號	thương hiệu
사상	思想	tư tưởng		생물	生物	sinh vật
사실	事實	sự thực (=fact)		생산	生産	sinh sản
사실(은)	事實	thực sự * (=in fact)		생애	生涯	sinh nhai
사업	事業	sự nghiệp		생일	生日	sinh nhật
사용	使用	sử dụng		생존	生存	sinh tồn
사전	辭典	từ điển		생활	生活	sinh hoạt
사죄	謝罪	tạ tội		서론	緒論	tự luận
사직	辭職	từ chức		서호	西湖	tây hồ
사치	奢侈	xa xỉ		석방	釋放	phóng thích *
사형	死刑	tử hình		선	船	thuyền
사회	社會	xã hội		선거	選舉	tuyển cử
산보	散步	tản bộ		선량	善良	lương thiện *
산품	産品	sản phẩm		선생	先生	tiên sinh
살균	殺菌	sát khuẩn		선양	宣揚	tuyên dương
살충	殺蟲	sát trùng		선전	宣傳	tuyên truyền
상가	喪家	tang gia		선조	先祖	tổ tiên *
상관	相關	tương quan		선진	先進	tiên tiến
상대	相對	tương đối		선포	宣布	tuyên bố
상상	想像	tưởng tượng		설	雪	tuyết
상식	常識	thường thức		설립	設立	thiết lập

설명	說明	thuyết minh	소집	召集	triệu tập
성격	性格	tính cách	속기	速記	tốc kí
성공	成功	thành công	속도	速度	tốc độ
성과	成果	thành quả	손상	損傷	tổn thương
성능	性能	tính năng	손실	損失	tổn thất
성숙	成熟	thành thục	손해	損害	tổn hại
성실	誠實	thành thật	쇠약	衰弱	suy nhược
성적	成績	thành tích	쇠퇴	衰退	suy thoái
성질	性質	tính chất	수	水	thuỷ
성취	成就	thành tựu	수공	手工	thủ công
세	稅	thuế	수단	手段	thủ đoạn
세계	世界	thế giới	수도	首都	thủ đô
세기	世紀	thế kỷ	수동	受動	thụ động
세력	勢力	thế lực	수량	數量	số lượng
세포	細胞	tế bào	수련	修練	tu luyện
소극	消極	tiêu cực	수사	修辭	tu từ
소녀	少女	thiếu nữ	수산	水産	thuỷ sản
소년	少年	thiếu niên	수상	首相	thủ tướng
소멸	消滅	tiêu diệt	수술	手術	thủ thuật
소모	消耗	tiêu hao	수습	收拾	thu thập
소비	消費	tiêu phí	수은	水銀	thuỷ ngân
소설	小說	tiểu thuyết	수의	獸醫	thú y
소송	訴訟	tố tụng	수입	輸入	du nhập
소수	小數	thiểu số	수입	收入	thu nhập
소유	所有	sở hữu	수집	搜集	sưu tập
소유권	所有權	quyền sở hữu *	수필	隨筆	tuỳ bút
소유주	所有主	chủ sở hữu *	수확	收穫	thu hoạch

순결	純潔	thuần khiết	신임	信任	tín nhiệm
순리	順利(理)	thuận lợi	신중	愼重	thận trọng
순서	循(順)序	tuần tự	신체	身體	thân thể
순환	循環	tuần hoàn	신호	信號	tín hiệu
습격	襲擊	tập kích	실력	實力	thực lực
습관	習慣	tập quán	실망	失望	thất vọng
승리	勝利	thắng lợi	실습	實習	thực tập
승인	承認	thừa nhận	실시	實施	thực thi
시간	時間	thời gian	실재	實在	thực tại
시기	時期	thời kì	실제	實際	thực tế
시력	視力	thị lực	실책	失策	thất sách
시장	市場	thị trường	실천	實踐	thực tiễn
시절	時節	thời tiết	실패	失敗	thất bại
시종	始終	thuỷ chung	실행	實行	thực hành
시찰	視察	thị sát	실험	實驗	thực nghiệm
시행	施行	thi hành	심사	審查	thẩm tra
시험	試驗	thí nghiệm	심판	審判	thẩm phán
식단	食單	thực đơn	쌍방	雙方	song phương
식물	植物	thực vật	아동	兒童	nhi đồng
식품	食品	thực phẩm	악기	樂器	nhạc khí
신경	神經	thần kinh (=crazy)	악몽	惡夢	ác mộng
신기	神奇	thần kì	안구	眼球	nhãn cầu
신념	信念	niềm tin *	안녕	安寧	an ninh
신분	身分	thân phận	안심	安心	an tâm
신성	神聖	thần thánh	안전	安全	an toàn
신앙	信仰	tín ngưỡng	암담	暗淡	ảm đạm
신용	信用	tín dụng	암석	岩石	nham thạch

압도	壓倒	áp đảo	연단	演壇	diễn đàn	
압력	壓力	áp lực	연락	連絡	liên lạc	
애국	愛國	ái quốc	연료	燃料	nhiên liệu	
야광	夜光	dạ quang	연맹	聯盟	liên minh	
야만	野蠻	dã man	연설	演說	diễn thuyết	
약사	藥士	dược sĩ	연속	連續	liên tục	
약점	弱點	nhược điểm	연습	練習	luyện tập	
양력	陽曆	dương lịch	연해	沿海	duyên hải	
양보	讓步	nhượng bộ	열광	熱狂	cuồng nhiệt *	
양식	糧食	lương thực	열대	熱帶	nhiệt đới	
양심	良心	lương tâm	열정	熱情	nhiệt tình	
어민	漁民	ngư dân	염색	染色	nhiễm sắc	
억제	抑制	ức chế	염치	廉恥	liêm sỉ	
언론	言論	ngôn luận	영광	榮光	vinh quang	
언어	言語	ngôn ngữ	영구	永久	vĩnh cửu	
엄금	嚴禁	nghiêm cấm	영국	英	anh (=england)	
엄숙	嚴肅	nghiêm túc	영도	領導	lãnh đạo	
엄중	嚴重	nghiêm trọng	영업	營業	doanh nghiệp	
업무	業務	nghiệp vụ	영역	領域	lĩnh vực	
여객	旅客	lữ khách	영예	榮譽	vinh dự	
여론	輿論	dư luận	영웅	英雄	anh hùng	
여학생	女學生	học sinh nữ *	영원	永遠	vĩnh viễn	
역경	逆境	nghịch cảnh	영토	領土	lãnh thổ	
역사	歷史	lịch sử	영향	影響	ảnh hưởng	
연결	連結	liên kết	영혼	靈魂	linh hồn	
연구	研究	nghiên cứu	예방	豫防	dự phòng	
연극	演劇	diễn kịch	예산	豫算	dự toán	

예속	隷屬	lệ thuộc
예술	藝術	nghệ thuật
예외	例外	ngoại lệ *
예의	禮儀	lễ nghi *
예정	預定	dự định
오곡	五穀	ngũ cốc
오만	傲慢	ngạo mạn
오염	汚染	ô nhiễm
오인	誤認	ngộ nhận
온화	溫和	ôn hoà
옹호	擁護	ủng hộ
완성	完成	hoàn thành
완전	完全	hoàn toàn
외교	外交	ngoại giao
외국	外國	ngoại quốc
요구	要求	yêu cầu
요소	要素	yếu tố
욕망	欲望	dục vọng
용감	勇敢	dũng cảm
우대	優待	ưu đãi
우둔	愚鈍	ngu đần
우선	優先	ưu tiên
우세	優勢	ưu thế
우수	優秀	ưu tú
우연	偶然	ngẫu nhiên
우월	優越	ưu việt
우의	友誼	hữu nghị

우주	宇宙	vũ trụ
운동	運動	vận động
운명	運命	vận mệnh
운행	運行	vận hành
웅변	雄辯	hùng biện
웅장	雄壯	hùng tráng
원료	原料	nguyên liệu
원리	原理	nguyên lý
원만	圓滿	viên mãn
원본	原本	nguyên bản
원소	元素	nguyên tố
원수	元首	nguyên thủ
원인	原因	nguyên nhân
원조	援助	viện trợ
원칙	原則	nguyên tắc
원한	怨恨	oán hận
원형	原形	nguyên hình
월남	越南	việt nam
위급	危急	nguy cấp
위기	危機	nguy cơ
위대	偉大	vĩ đại
위성	衛星	vệ tinh
위신	威信	uy tín
위엄	威嚴	uy nghiêm
위원	委員	uỷ viên
위치	位置	vị trí
위해	危害	nguy hại

위험	危險	nguy hiểm	의도	意圖	ý đồ
위협	威脅	uy hiếp	의뢰	依賴	ỷ lại
유산	遺産	di sản	의무	義務	nghĩa vụ
유예	猶豫	do dự	의문	疑問	nghi vấn
유익	有益	hữu ích	의사	醫士	y sĩ
유일	惟一	duy nhất	의사	意思	ý tứ
유적	遺跡	di tích	의식	意識	ý thức
유지	維持	duy trì	의지	意志	ý chí
유통	流通	lưu thông	의혹	疑惑	nghi hoặc
유학	遊學	du học	이동	移動	di động
유학생	留學生	lưu học sinh	이력	履歷	lí lịch
유효	有效	hữu hiệu	이론	理論	lí luận
육군	陸軍	lục quân	이별	離別	ly biệt (li biệt)
윤리	倫理	luân lý	이사	理事	lí sự
윤번	輪番	luân phiên	이상	理想	lý tưởng
은인	恩人	ân nhân	이왕	以往	dĩ vãng
은하	銀河	ngân hà	이용	利用	lợi dụng
은행	銀行	ngân hàng	이유	理由	lí do
은혜	恩惠	ân huệ	이윤	利潤	lợi nhuận
음력	陰曆	âm lịch	이율	利率	lợi suất
음모	陰謀	âm mưu	이익	利益	lợi ích
음성	音聲	âm thanh	이전	移轉	di chuyển
음식	飮食	ẩm thực	이해	利害	lợi hại
음악	音樂	âm nhạc	이혼	離婚	li hôn
음양	陰陽	âm dương	인격	人格	nhân cách
응용	應用	ứng dụng	인내	忍耐	nhẫn nại
의견	意見	ý kiến	인류	人類	nhân loại

인민	人民	nhân dân	자살	自殺	tự sát
인사	人事	nhân sự	자선	慈善	từ thiện
인상	印像	ấn tượng	자세	仔細	tử tế
인식	認識	nhận thức	자세	姿勢	tư thế
인연	因緣	nhân duyên	자수	自首	tự thú
인자	仁慈	nhân từ	자신	自信	tự tin
인재	人才	nhân tài	자연	自然	tự nhiên
인증	引證	dẫn chứng	자유	自由	tự do
일기	日記	nhật kí	자치	自治	tự trị
일본	日本	nhật bản	작년	昨年	năm ngoái
일정	一定	nhất định	작용	作用	tác dụng
일차	一次	thứ nhất *	작전	作戰	tác chiến
임기	任期	nhiệm kỳ	작품	作品	tác phẩm
임무	任務	nhiệm vụ	잔악	殘惡	tàn ác
임종	臨終	lâm chung	잔여	殘餘	tàn dư
입구	入口	nhập khẩu	잔인	殘忍	tàn nhẫn
입원	入院	nhập viện	잔혹	殘酷	tàn khốc
입장	立場	lập trường	잠시	暫時	tạm thời
입학	入學	nhập học	잡지	雜誌	tạp chí
▶ 자격	資格	tư cách	장	章	chương
자궁	子宮	tử cung	장남	長男	trưởng nam
자기	自己	tự kỉ	장래	將來	tương lai
자동	自動	tự động	장수	長壽	trường thọ
자만	自滿	tự mãn	장식	粧飾	trang sức
자문	諮問	tư vấn	장엄	莊嚴	trang nghiêm
자본	資本	tư bản	장치	裝置	trang trí
자산	資産	tư sản	재간	才幹	tài cán

재능	才能	tài năng		전부	全部	toàn bộ
재료	材料	tài liệu		전설	傳說	truyền thuyết
재발	再發	tái phát		전염	傳染	truyền nhiễm
재벌	財閥	tài phiệt		전용	專用	chuyên dụng
재산	財産	tài sản		전자	電子	điện tử
재색	才色	tài sắc		전쟁	戰爭	chiến tranh
재앙	災殃	tai ương		전제	前題	tiền đề
재원	財源	tài nguyên		전통	傳統	truyền thống
재정	財政	tài chính		전투	戰鬪	chiến đấu
재판	裁判	tài phán		전파	傳播	truyền bá
재해	災害	tai hại		전화	電話	điện thoại
재혼	再婚	tái hôn		절대	絶對	tuyệt đối
쟁취	爭取	tranh thủ		절망	絶望	tuyệt vọng
적극	積極	tích cực		절묘	絶妙	tuyệt diệu
적당	適當	thích đáng		절제	節制	tiết chế
적도	赤道	xích đạo		절호	絶好	tuyệt hảo
적용	適用	thích dụng		점수	點數	điểm số
적응	適應	thích ứng		점유	占有	chiếm hữu
적합	適合	thích hợp		접근	接近	tiếp cận
전	錢	tiền		접대	接待	tiếp đãi
전개	展開	triển khai		접속	接續	tiếp tục
전국	全國	toàn quốc		접촉	接觸	tiếp xúc
전기	電氣	điện khí		정결	精潔	tinh khiết
전달	傳達	truyền đạt		정교	精巧	tinh xảo
전략	戰略	chiến lược		정기	定期	định kì
전력	電力	điện lực		정당	正當	chính đáng
전망	展望	triển vọng		정도	程度	trình độ

정돈	整頓	chỉnh đốn	조건	條件	điều kiện
정량	定量	định lượng	조국	祖國	tổ quốc
정리	整理	chỉnh lí	조례	條例	điều lệ
정면	正面	chính diện	조사	調查	điều tra
정보	情報	tình báo	조작	操作	thao tác
정부	政府	chính phủ	조정	調整	điều chỉnh
정식	正式	chính thức	조종	操縱	thao túng
정신	精神	tinh thần	조직	組織	tổ chức
정의	正義	chính nghĩa	조합	組合	tổ hợp
정의	定義	định nghĩa	조혼	早婚	tảo hôn
정정	訂正	đính chính	조화	調和	điều hoà
정지	停止	đình chỉ	존경	尊敬	tôn kính
정직	正直	chính trực	존엄	尊嚴	tôn nghiêm
정책	政策	chính sách	존재	存在	tồn tại
정치	政治	chính trị	존중	尊重	tôn trọng
정통	正統	chính thống	졸	卒	tốt (=good)
정확	正確	chính xác	졸업	卒業	tốt nghiệp
정황	情況	tình huống	종결	終結	chung kết
제거	除去	trừ khử	종교	宗敎	tôn giáo
제고	提高	đề cao	종류	種類	chủng loại
제도	制度	chế độ	종횡	縱橫	tung hoành
제목	題目	đề mục	죄악	罪惡	tội ác
제안	提案	đề án	죄인	罪人	tội nhân
제조	製造	chế tạo	주권	主權	chủ quyền
제출	提出	đề xuất	주량	酒量	tửu lượng
조	兆	triệu (=million)	주석	主席	chủ tịch
조각	彫刻	điêu khắc	주소	住所	trụ sở

주요	主要	chủ yếu	지방	地方	địa phương
주위	周圍	chu vi	지배	支配	chi phối
주의	主義	chủ nghĩa	지수	指數	chỉ số
주의	注意	chú ý	지시	指示	chỉ thị
주장	主張	chủ trương	지식	知識	tri thức
주제	主題	chủ đề	지옥	地獄	địa ngục
준비	準備	chuẩn bị	지원	支援	chi viện
준수	遵守	tuân thủ	지적	指摘	chỉ trích
준수	俊秀	tuấn tú	지점	地點	địa điểm
중대	重大	trọng đại	지정	指定	chỉ định
중심	中心	trung tâm	지진	地震	địa chấn
중앙	中央	trung ương	지혜	智慧	trí tuệ
중재	仲裁	trọng tài	지휘	指揮	chỉ huy
중책	重責	trọng trách	직각	直角	trực giác
중추	中秋	trung thu	직무	職務	chức vụ
중학	中學	trung học	직업	職業	chức nghiệp
즉각	卽刻	tức khắc	직원	職員	viên chức *
즉시	卽時	tức thì	직위	職位	chức vị
증가	增加	gia tăng *	직접	直接	trực tiếp
증거	證據	chứng cứ	진단	診斷	chẩn đoán
증권	證券	chứng khoán	진동	震動	chấn động
증명	證明	chứng minh	진리	眞理	chân lý
증세	增稅	tăng thuế	진보	進步	tiến bộ
증인	證人	nhân chứng *	진압	鎭壓	trấn áp
지구	地球	địa cầu	진전	進展	tiến triển
지도	指導	chỉ đạo	진행	進行	tiến hành
지반	地盤	địa bàn	질문	質問	chất vấn

질병	疾病	bệnh tật *	청춘	青春	thanh xuân
질병	疾病	tật bệnh	체육	體育	thể dục
질서	秩序	trật tự	초대	招待	chiêu đãi
집단	集團	tập đoàn	초월	超越	siêu việt
집행	執行	chấp hành	촉진	促進	xúc tiến
징벌	懲罰	trừng phạt	총명	聰明	thông minh
▶ 차남	次男	nam thứ *	최고	最高	tối cao
찬성	贊成	tán thành	최다	最多	tối đa
참가	參加	tham gia	최신	最新	tối tân
참고	參考	tham khảo	추	秋	thu
참모	參謀	tham mưu	축복	祝福	chúc phúc
참여	參與	tham dự	춘	春	xuân
참혹	慘酷	thảm khốc	출구	出口	xuất khẩu
참화	慘禍	thảm hoạ	출발	出發	xuất phát
창립	創立	sáng lập	출신	出身	xuất thân
창조	創造	sáng tạo	출처	出處	xuất xứ
책	冊	sách	출판	出版	xuất bản
책임	責任	trách nhiệm	출현	出現	xuất hiện
처리	處理	xử lý	충격	衝擊	xung kích
처벌	處罰	xử phạt	충돌	衝突	xung đột
천연	天然	thiên nhiên	충만	充滿	sung mãn
천재	天災	thiên tai	충성	忠誠	trung thành
천재	天才	thiên tài	충족	充足	sung túc
철저	徹底	triệt để	취미	趣味	thú vị
철학	哲學	triết học	치료	治療	trị liệu
청구	請求	thỉnh cầu	치욕	恥辱	si nhục
청년	青年	thanh niên	친근	親近	thân cận

친밀	親密	thân mật		특성	特性	đặc tính
친선	親善	thân thiện		특수	特殊	đặc thù
친애	親愛	thân ái		특징	特徵	đặc trưng
친절	親切	thân thiết	▶	파괴	破壞	phá hoại
친척	親戚	thân thích		파산	破產	phá sản
침략	侵略	xâm lược		판결	判決	phán quyết
침입	侵入	xâm nhập		판단	判斷	phán đoán
침해	侵害	xâm hại		편리	便利	tiện lợi
타격	打擊	đả kích		편의	便宜	tiện nghi
타당	妥當	thoả đáng		편집	編輯	biên tập
타협	妥協	thoả hiệp		평균	平均	bình quân
탄압	彈壓	đàn áp		평등	平等	bình đẳng
탐험	探險	thám hiểm		평론	評論	bình luận
태도	態度	thái độ		평안	平安	bình an
태양	太陽	thái dương		폐막	閉幕	bế mạc
태평양	太平洋	thái bình dương		폐쇄	閉塞	bế tắc
토로	吐露	thổ lộ		폐해	弊害	tệ hại
토론	討論	thảo luận		포탄	炮彈	pháo đạn
통계	統計	thống kê		폭력	暴力	bạo lực
통보	通報	thông báo		폭로	暴露	bộc lộ
통신	通信	thông tin		폭발	爆發	bộc phát
통역	通譯	thông dịch		폭행	暴行	bạo hành
통일	統一	thống nhất		표류	漂流	phiêu lưu
통치	統治	thống trị		표정	表情	biểu tình
투자	投資	đầu tư		표제	標題	tiêu đề
투항	投降	đầu hàng		표준	標準	tiêu chuẩn
특별	特別	đặc biệt		표지	標誌	tiêu chí

표현	表現	biểu hiện	항의	抗議	kháng nghị
품질	品質	phẩm chất	항해	航海	hàng hải
풍경	風景	phong cảnh	해갈	解渴	giải khát
풍부	豊富	phong phú	해결	解決	giải quyết
풍속	風俗	phong tục	해군	海軍	hải quân
풍수	風水	phong thuỷ	해답	解答	giải đáp
피고	被告	bị cáo	해산	解散	giải tán
피난	避難	tỵ nạn	해석	解釋	giải thích
피동	被動	bị động	행동	行動	hành động
필	筆	bút (= pen)	행복	幸福	hạnh phúc
필요	必要	tất yếu	행사	行使	hành sự
▶ 하지	夏至	hạ chí	행위	行爲	hành vi
학기	學期	học kì	행정	行政	hành chính
학문	學問	học vấn	허무	虛無	hư vô
학생	學生	học sinh	헌법	憲法	hiến pháp
학술	學術	học thuật	험악	險惡	hiểm ác
학습	學習	học tập	혁신	革新	cách tân
학원	學院	học viện	현대	現代	hiện đại
학위	學位	học vị	현실	現實	hiện thực
한가	閑暇	nhàn hạ	현장	現場	hiện trường
한국	韓國	hàn quốc	현재	現在	hiện tại
합리	合理	hợp lí (lý)	현행	現行	hiện hành
합법	合法	hợp pháp	혈관	血管	huyết quản
합의	合意	hợp ý	혈통	血統	huyết thống
합작	合作	hợp tác	협력	協力	hiệp lực
항거	抗拒	kháng cự	협상	協商	hiệp thương
항공	航空	hàng không	협회	協會	hiệp hội

형벌	刑罰	hình phạt	환영	歡迎	hoan nghênh
형법	刑法	hình pháp	환호	歡呼	hoan hô
형상	形像	hình tượng	활동	活動	hoạt động
형식	形式	hình thức	황혼	黃昏	hoàng hôn
형태	形態	hình thái	황홀	恍忽	hoảng hốt
호주	戶主	chủ hộ *	회고	懷古	hoài cổ
호화	豪華	hào hoa	회담	會談	hội đàm
호흡	呼吸	hô hấp	회답	回答	hồi đáp
혼돈	渾敦	hỗn độn	회동	會同	hội đồng
혼란	混亂	hỗn loạn	회상	回想	hồi tưởng
혼미	昏迷	hôn mê	회원	會員	hội viên
혼인	婚姻	hôn nhân	회의	會議	hội nghị
혼잡	混雜	hỗn tạp	회장	會長	hội trưởng
혼합	混合	hỗn hợp	회춘	回春	hồi xuân
화	花	hoa	효과	效果	hiệu quả
화려	華麗	hoa lệ	효력	效力	hiệu lực
화장	火葬	hoả táng	효율	效率	hiệu suất
화장	化裝	hoá trang	후사	厚謝	hậu tạ
화평	和平	hoà bình	훈련	訓練	huấn luyện
화해	和解	hoà giải	훈장	勳章	huân chương
확대	擴大	khuếch đại	흉기	凶器	hung khí
확실	確實	xác thực	흉악	凶惡	hung ác
확인	確認	xác nhận	흡수	吸收	hấp thụ (thu)
확정	確定	xác định	흥분	興奮	hưng phấn
환경	環境	hoàn cảnh	희망	希望	hy vọng
환난	患難	hoạn nạn			
환상	幻想	ảo tưởng			

베트남 사람들이 한자는 모르지만

한국과 발음만 다를 뿐 의외로 많은 한자 단어를 사용하고 있으며,

베트남어 발음을 우리가 따라 하기에는 한계가 있지만

각 글자의 의미를 안다면 이해가 쉬울 것임.

실생활에서 자주 사용하는 단어들만 골라서 확인하고 수록하였음.

★

Người Việt Nam không biết chữ Hán.

Mặc dù vậy, Tiếng Việt lại đang sử dụng chung nhiều từ Hán.

Các từ này có nghĩa tương tự trong tiếng Hàn nhưng cách phát âm lại khác

Dưới đây là các từ được sử dụng thường xuyên trong đời sống

được tập hợp và ghi chép lại.

하노이에서 정덕기